禮節到位
溝通無界

秦秋林 ◎ 編著

良好形象 × 優雅〔……〕動

掌握人心的微小變化，哪〔……〕需要費力討好人家！

怕衝突不敢當面指責，事後向第三者吐苦水被指耍心機？
⇒ 拋開惹人厭的「黑箱」操作，你該學習的是「陽光」作業！
因為太過內向寡言，常常被人家誤會沒禮貌？
⇒ 不是只有開口才能表現禮節，身體語言同樣很重要！

從外在打理到說話舉止全都一網打盡，
讓你不論職場談判、日常交流甚至於外交場合都無往不利！

目錄

CONTENTS

第四章　職場：敲響希望的柴門

第五章　涉外：以雙贏的姿態握手

CONTENTS

CONTENTS

溝通無極限（代序）

當今時代，不同職業之間以及職業內部之間都需要建立一個交流與合作的平臺，以適應飛速發展的多元化生活空間。但是，禮儀的缺失往往使得對話變得異常艱難。在這個意義上講，禮儀文化已經成為全球政治、經濟、文化生活交流的橋梁，從而極大程度地改變使用者的生活品質。

禮儀文化是每個人超越自我不可替代的途徑，和熟練外語、電腦、駕駛技術一樣，禮儀也是現代人立足於社會的重要條件。物質財富的增加，科學技術的進步，要求人們對自身行為加以自覺的約束，否則，便被視為打破規則的另類，並與日後的機遇擦肩而過，以至於在整個系統中出局。行動上出格、表情上失態、言詞上失誤，會極大地降低品味。殊不知，「人無禮則不德，事無禮則不成，國無禮則不寧。」荀子言之不謬。

溝通無極限。熟練駕馭禮儀為現代人的成功提供了更多的可能，關於社交、涉外、服務、商務、形象等為禮儀設定了不同的層面。對這些層面加以系統地歸納和總結，具有很強的實用性和可操作性，對不同職業者都有相當的參考價值。因為閱讀很可能使用心生活的人改

PREFACE

變一個活法。神態上的莊重、冷靜；舉止上的穩重、灑脫；言談上的智慧、誠懇，幾乎已經成為成功的符號。此外，充分了解不同民族的風俗、禮儀和禁忌，對於「地球村」時代的人類而言，可以被理解為一種常識。

縱觀目前市場上的社交禮儀類書籍，大致可分為兩類：學者的學術論述；部分文人的文字拼湊。前者充斥著過多的術語和理論框架，顯得遠離生活而缺少操作性；後者用掩耳盜鈴式的技巧為涉世之初的年輕人提供行動的指南，其實往往是霧裡看花的空談。而生活需要實在的智慧，用以照亮前方的每一束黑暗，為蒼白的生活增加色彩。同時，人與人之間因為功利性的加強，導致交往的程序化以及內心的脆弱無助，都需要得到解決。

這樣，「身邊的學問」對於讀者的價值和意義，就無需贅言了。讀者會在閱讀中感受到禮儀之於現代社會發展的重要，並逐漸認清自身的角色，拓寬與他人之間溝通的管道，盡可能避免不必要的摩擦，從而更大程度地提高生產力和生活品質。誠如一位著名學者所言，「現代化的衝擊使得一切都愈來愈現代化，而使原本古老的追問變得不再重要，但是，人必須對自身加以辯護，在生成為人、昇華人性的同時，找到生活的意義。」其實，禮儀的生活告訴我們，命運都是在剎那之間改變的。

第一章
形象：塑造第一印象

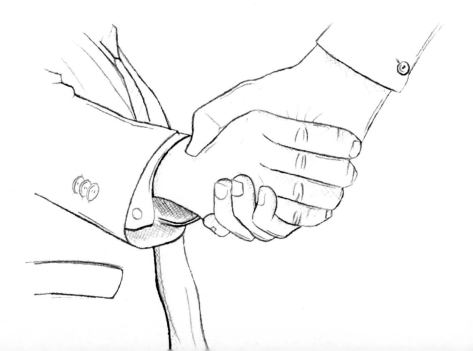

什麼是禮儀

　　禮儀是指在交際過程中，人們自始至終以約定俗成的方式來表現律己、愛人的行為，它由一系列具體的、表現禮貌的禮節構成。當然，在飛速發展的知識經濟時代，人們從不同的角度對禮儀有著多元化的解釋，傳統的禮儀定位需要進行現代的置換。原有的理念在能否操作這個問題面前，不斷經受艱難的考驗，從而完成對自身的超越。比如說，禮儀可以被理解為內在修養和素養的外在表現，為人處世的行為規範，待人接物的交際藝術、溝通技巧、心靈美的外化等等。

　　人們使用禮儀的環境制約著禮儀的實施，由於適用對象、範圍的不同，禮儀大致上可以分為政務、商務、服務、社交、涉外等主要方面，涉及到民俗學、傳播學、美學、倫理學、心理學、社會學、公共關係學等多門學科。當今時代，禮儀也需要現代化，向國際成熟的禮儀學習的同時，完成對古代傳統禮儀的揚棄。現代禮儀更關注人際交往的成功，其核心內容就是社會交往的遊戲規則。值得注意的是，現代禮儀強調個性自由、女士優先、交際務實，反對過分的客套和過度的自謙自貶。

　　禮儀必須具有可操作性。切實有效、規則簡明是現代禮儀的最大特徵。禮儀的使用不能脫離時代，對於上班族而

言，除了極佳的口才和良好的業務能力，能夠在職場中遊刃有餘的原因，可能是從小處表現出來的禮貌。在職場生涯中，有很多應該注意的常識：

> ➤ 不要貶低別人，抬高自己；
> ➤ 克制背後議論別人，靜坐時考慮自己的過失；
> ➤ 說話要言簡意賅；
> ➤ 維護別人的自尊；
> ➤ 保守別人的祕密；
> ➤ 滴水之恩當湧泉相報；
> ➤ 與朋友相處，切忌說無意義的空話；
> ➤ 適用基本的禮貌用語；
> ➤ 尊敬師長和上級……熟練地駕馭這些常識，都可以被看作是禮貌的表現。

禮儀文化絕不是教條。在交際應酬過程中，每位參與者都應該自覺遵守，而且，要盡可能地尊敬別人，與合作夥伴友好相待，和平共處。「己所不欲，勿施於人。」千萬不要對他人求全責備，斤斤計較，甚至咄咄逼人。在交際過程中，應該給他人表達觀點的機會。特別值得注意的是，對任何採訪對象都要一視同仁。不要在年齡、性別、種族、文化、職業、地位等問題上表現出太明顯的親疏，厚此薄彼。此外，在交往過程中，還應該言行一致，表裡如一。這樣，禮儀的

價值才能得到更好的展現。

　　對禮儀必須給予現代的審視，否則，必然陷入迷思。不是顯得驕狂而無禮，就是固守陳規，陷在客套和過場中不能自拔。聰明的現代人總是能夠適度地掌握禮儀，做事情講求分寸得體，從而獲得巨大的成功。隨著國際經濟一體化步伐加快，禮儀必須與國際接軌，如果不充分了解國際慣例和規則，錯把禮儀當作道具和偽裝，必然會給自己帶來生活的盲點。弄清禮儀的現代定位之後，還必須適當地應用，並提高自身的修養。

穿西裝的學問

　　商場如戰場，每個環節都決定著勝負。而個人形象對於商場中人至關重要，因為在世人眼中，商界人士的個人形象與其公司的產品以及提供的服務息息相關。在某種程度上講，有關著裝、髮式、美容等的完美，幾乎等同於為產品做活廣告。對於男士而言，穿西裝著實有不小的學問。作為全世界最流行的服飾，西裝的典雅造型、適當的搭配、講究的穿法都有嚴格的禮儀規範。要想讓別人覺得你的穿法地道純正，從而顯得英俊挺拔，就要注意布料、款式、色彩等方面的問題。

　　西裝在商務活動中往往充當禮服，因此，布料必須高檔，最好是純毛、純絨或毛滌混紡布料。與低檔布料不同的是，純毛等布料製作的西裝大致有四個特點：輕、薄、軟、挺。這樣的西裝既合身，又雅觀。同時，色彩也非常重要。商界男士應該保持莊重的風格，不要穿戴令人感到輕浮的服飾。灰色、黑色或棕色應該成為首選。還要關注紋理及圖案，在商務談判過程中，如果對方從你身上看到繪製或刺繡的花俏圖案，會產生不信任感。舉個簡單的例子來說，「格子呢」是難以登上大雅之堂的。

　　精心地裝飾自己，其實，表現了對他人的尊重。不遵守西裝的基本穿法，是違背禮儀的表現。具體說來，大致有 7 個方面的問題需要注意：

➤ 要拆除衣袖上的商標，這表明西裝已經開始使用；

➤ 要將西裝燙熨平整，使其顯得線條筆直，看上去美觀大方；

➤ 要扣好鈕扣。特別要注意單排扣或雙排扣的具體扣法，尤其要注意「褲襠」，切莫「大意失荊州」；

➤ 穿西裝的時候不要捲、挽，在公共場所，千萬不能當眾隨心所欲地脫下西裝，披在肩上；

➤ 無論是單獨穿西裝背心，還是與上衣配套，都不能自由地敞開；

➤ 毛衫和內衣應該與西裝配合恰當，內衣的款式上應該短於襯衫，否則，領口處可能暴露一段「花絮」；

➤ 西裝的口袋裡不要放過多的東西，以免在外觀上走樣，西裝的口袋大多是裝飾，用亂七八糟的東西填滿口袋，是相當沒有品味的做法……

此外，領帶、鞋襪、公事包還需要搭配恰當。作為成年男人的三大裝飾之一，領帶是西裝的靈魂。在商業應酬中，藍色、灰色、棕色等單色領帶應該成為首選。領帶打得是否漂亮，關鍵看打結的方法，領帶結應該與襯衫衣領的大小成正比，領帶打好後，還要調整長短，標準的長度是領帶下端的大箭頭在皮帶頭的上端。鞋襪也非常重要。磨砂、翻毛等皮鞋大都屬於休閒類，與西裝不相配套。皮鞋應該做到無味、無塵、無泥，襪子最好一天一換，至少要成雙、完整、合腳。千萬不要赤足穿鞋。公事包不宜過多，使用時也不要過於張揚，不要使公事包顯得「過度膨脹」，此外，切忌將公事包隨處亂放。

西裝的穿戴應該在整體上給人和諧感，失儀之舉會使人感到你對事業並不講究，而且，這能從側面表明你的生活失去條理，試想，有誰會將合作對象選定在一個難以信任的人的身上呢？

關於上班族的套裙

　　所有適用於上班族女性在正式場合穿著的服裝中，套裙被約定俗成地認為是首選，甚至這種服裝長時間以來都被看作是職業女性的象徵。套裙其實就是女士西裝，穿套裙會給人神采奕奕的感覺，並且能夠恰當地展示出職業女性認真的工作態度和溫婉雅致。根據禮儀規範，經典的套裙應該是由高檔布料製作的，上衣與裙子同樣的質地、色彩，而且，應該量體裁衣，注重平整、貼身，使用簡單的飾物點綴。套裙不應該以花卉、寵物、人物等為圖案，那樣，會讓人感到頭暈目眩。

　　值得注意的是，套裙之中的超短裙並非越短越好，最好不要短於膝蓋以上。作為套裙的主角，裙子的花樣翻新：西裝裙、一步裙、圍裹裙、筒式裙、百褶裙、旗袍裙、開衩裙、喇叭裙……令人目不暇接。在套裙的穿著上，有 5 個方面的問題需要注意：

➤ 套裙應該大小適度，上衣最短可以齊腰，袖長以蓋住著裝者的手腕為好；

➤ 套裙應該按常規穿著，領子要完全翻好，衣袋的蓋子要拉出來，裙子要穿得端端正正，此外，鈕扣一定要扣好；

➤ 套裙的穿著應該考慮場合，在出席宴會、舞會、音樂會

時，未必一定要穿套裙，禮服或其他時裝都可能帶來舒適的感覺；

➤ 套裙的高層次穿法講究風格統一，最好不要化濃妝，「妝成有卻無」是最恰當的感覺；

➤ 舉止應該與套裙相映生輝，步子要輕要穩，千萬不要踮起腳尖去勾東西，或者彎腰探頭去拿物品，這樣，會不經意地打破套裙的曲線，甚至露出不該暴露的部位。

套裙的搭配非常重要，這主要在於襯衫、內衣、襯裙、鞋襪的選擇是否恰當。襯衫的圖案最好不要「繁花似錦」，也不必過於華美，誇張的襯衫並不適於搭配。內衣必須慎重選擇，這裡面也有很多講究：

➤ 不穿內衣的做法絕對是失禮的，休閒時的「自由風貌」不要運用到工作場合；

➤ 內衣不宜外穿，這種做法一定是不及格的，顯得不莊重；

➤ 內衣不准外露，無意中在領口露出一條帶子，或是在裙腰處露出一圈內褲，都是相當尷尬的；

➤ 內衣切忌又薄又透，讓別人產生「霧裡看花」的感覺。

鞋襪被稱為女士的「足上風光」，與套裙相搭配的鞋襪應以正統為宜。此外，女士在穿著時，還要注意鞋襪大小合適、完好無損，鞋跟的長度應以合適為宜，不可為追求高度

而失去風度。更不要在半正式場合，當眾脫下鞋襪，以顯示自己的自由開放，也不要將健美褲、九分褲當襪子穿，此外，襪口也最好不要暴露在外面。

由於女士特別在意自己的形象，套裙的魔力不可小覷。應該對照自己，做一個全面的著裝設計，在交往時給人亮麗清新的感覺。也正因為穿著一款莊重的套裙，你的行為也會因此得體起來，切忌把套裙穿成非驢非馬的樣子，那是非常令人難堪的。

制服的風範

國內外的大公司都為員工設計了布料、色彩、款式整齊的制服。作為在工作崗位上必須穿的衣服，制服在現代社會已經成為規則的一部分了。當今時代，全體從業人員穿制服上班，是很多大企業的運作理念之一。因為這樣可以展現職業特徵，也可以表明職務的差異，即使在一個公司裡，不同部門、級別、職務的人士，從制服上很容易區別開來。而且，制服能給人帶來合作的感覺，穿制服上班，也是禮儀規範的內容之一，企業正是靠制服樹立了「靜態識別符號系統」。

在交往應酬中，制服應該廣泛地使用公司的標誌、徽章、廣告、標語、商標、旗幟、建築等多個方面。以代表性

內容構築制服的主色調，是國際上流行的做法。制服的色彩搭配應該注意「三色原則」，與制服搭配的襯衫、領帶、鞋帽的色彩總量應該限定在三種以內。過多的色彩會讓人感到雜亂無章。制服要端莊實用，不要一味地追逐時尚，而且，切忌「露、透、短、緊」，穿著應該給人大方、豁達的感覺，千萬不要因為修飾，以至於弄巧成拙，從頭到腳都透出一個「小」來。

制服的定位要準確，分類要恰當：

➤ 要進行性別上的分類，儘管具有「中性風貌」，但是，最好以男式、女式分別為佳；

➤ 一年四季的制服不可能相同，必須隨著寒暑而相應地變化；

➤ 制服的用途也有所不同，大致分為辦公服、禮賓服和勞動服等，應付不同的環境應該在著裝上有所區別；

➤ 現代化企業的分工講求明確，下級嚴格地服從上級，這時的制服已經有了級別的意義；

➤ 不論什麼類別的制服都要避免髒、亂、破，而使得制服失去原有的神韻，達不到原本要實現的效果。

在社會交往中，制服不僅是身分的象徵，而且，也代表了你所屬公司的社會形象。如果出口成髒，行為乖張，都會在令人厭惡的同時，對公司產生不良的感覺。在大街上，我

們偶爾會看到一些身穿制服的人貶低本公司的產品，這樣，長此以往，該公司的產品在消費者心中只會是負數。殊不知，國際大公司的員工大都愛護自己的品牌，比如說可口可樂公司的職員在大街上一定會消費自己的產品，這種行為已經投射給周圍人一個觀念：可口可樂的追求是永遠的，員工永遠是團結的，產品也永遠是可信的。

作為國際通用的上班族工作裝，制服儘管因不同的企業而產生了不同的樣式，但是，理念基本是共同的。現代人穿上制服就開始傳達公司的聲音，你們的聲音高低、美醜、雅俗等代表了企業形象，因此，制服帶給人們一種內涵、一種文化、一種姿態。關於制服的禮儀的運用是否得當，也成為合作者對你的重要判斷標準之一，因此，現代上班族應該力圖把制服穿出味道來。男人的陽剛、女人的溫婉都應該在「中性風貌」的制服上展現得淋漓盡致，這樣，企業文化才能走進更加廣泛的人群。

先聲奪人

糟糕的談吐往往被看作是失禮的表現。從而，讓人在第一印象對你的能力產生懷疑。這樣，先聲奪人的上班族獲得成功的契機自然就更大了。不懂得先聲奪人的商界人士往往

　　會陷入苦惱之中。曾經有一位朋友在自己的條件比其他競爭者都優越的情況中，丟失了一項意義很重大的代理業務，他為此無比懊惱地說：「我現在突然明白是怎麼回事了，其實非常簡單，是談吐耽誤了我。不管我說什麼，都無法使股東們信服，因為他們對我說的話感到莫名其妙。」這位朋友的自我批評很客觀。由於一口外地口音，他常常不能清晰流暢地表達意思，語調就差得更遠了。當覺察到語言缺陷時，自卑的心理更導致他語無倫次，吞吞吐吐，不敢正視對方的眼睛。

　　其實，語言的發揮不僅在一定程度上決定成敗，而且，也會反映到禮儀方面。對於聽眾來說，語言的障礙使原有的諸多優勢等於空白，試想，如果你的言談像茱莉・安德魯斯一樣精采；如波頓一般口若懸河，自然能夠恰到好處地表現出特有的人格和氣質。對於天生就具有責任感的商界人士來說，這一點可謂至關重要。但是，要注意言語的使用必須合乎習慣。有一位聰明的青年律師請人教他牛津大學的談吐方式，最終遭到了拒絕，如果他操著牛律腔在美國客戶中侃侃而談，無疑是自尋煩惱，甚至毀了自己的前程。

　　如果說形式是人生活的外衣，那麼內容就是人的肌膚。失去內容的語言是沒有任何意義的。而且，給人滑頭、虛偽的感覺。因此，在公關的時候，要區別對象地稱讚對方，對

生意人來說，如果說他學問深、道德高尚、清廉自守、樂道安貧，他一定無動於衷，你應該說他才能出眾、手腕靈活、現在紅光滿面，發財即在眼前；對於官員來說，如果說他生財有道，定發大財，他一定不高興，你應該說他為國為民，一身清正，廉潔自持，勞苦功高；同樣的道理，對於文人來說，如果說他學有根底，筆底生花，思想正確，寧靜談泊，他聽了一定會高興的。

記得蕭伯納曾經說過：「人們最想知道的事，常與自己無關」，這句話和「事不關己，己不勞心」相反，但蕭伯納的話語無疑是事實。如果你想讚美一個人，而又找不到他有什麼值得稱讚之處，那麼你可以讚美他的親人，或者和他有關的一些事物。一個最基本的事實是，讚美別人的工作成績、最心愛的寵物、最費心血的設計，比說上許多無謂空泛的客氣話要好得多，也有價值得多。其實，世人都樂於受恭維，你的恭維話恰如其分，不流於陷媚，不僅無傷人格，而且會符合禮儀的要求。

語言的意義就在於從思想上打破對方的壁壘，從而在最大程度上實現自身利益的最大化。恰當的談吐會給人被尊重的感覺，甚至因為禮數周全而產生了安全感。更何況，利益很多時候都是在談判場上實現的，那時候，語言的輝煌其實在很大程度上成就了一宗生意，也造就了一個人。

你的幽默有多少「公里」

　　幽默是人們適應環境的工具，也是面臨困境時減輕精神和心理壓力的方法。更重要的意義在於，幽默可以調整禮儀的天平。不懂得幽默的人，是沒有希望的人。商界人士應該多一點幽默感，少一點氣急敗壞，少一點偏執極端，少一點你死我活。生活應該有張有弛，所謂精神的「弛」，就是你需要時常幽默。而且，用幽默來處理煩惱與矛盾，會使人感到愉快友好。幽默的細節很複雜，但是邏輯卻非常簡單。

　　幽默具有國際化的思考意義。在一列開往歐洲的火車上，同一車廂裡坐著一個俄國人、一個古巴人、一個美國商人和一個美國律師。途中，俄國人取出了一瓶伏特加，逐一為大家斟酒，然後，他不覺將剩餘的半瓶往外一拋。美國商人驚異地說：「你這樣做實在太浪費了。」不料，俄國人驕傲地說：「俄國有的是伏特加，我們根本喝不完。」過了一會兒，古巴人拿出幾根哈瓦那雪茄，分給同伴們，他自己也點燃了一根，剛抽不到幾口，就把它扔出了窗外，美國商人又奇怪地問：「我覺得古巴的經濟，並不怎麼驚奇啊，為什麼把這麼好的菸扔了？」古巴人滿不在乎地說：「在我們古巴，這種菸一毛錢就能夠買一打，我們簡直抽不完。」美國人沉默了一會兒，突然想起自己也有特產，連忙抱起身邊的律師，把他

塞出了窗外。除了嘲笑美國律師的氾濫之外，以上故事講出了幽默對於市場行銷的意義。

還有一則幽默可以為商界人士提供參照。當一艘船開始沉水時，幾位來自不同國家的商人正在開會，「去告訴這些人，快穿上救生衣，跳到水裡去吧！」船長命令大副去通知商人們。幾分鐘過後，大副跑來告訴說：「船長，他們不聽從您的命令。」船長感到納悶，「你來接管這裡，我去看看他們在做什麼。」一會兒船長回來說：「還好，他們都跳了。」他看到大副不解，於是接著說：「我運用了心理戰術，我對英國人說，那是一項體育運動，於是他愉快地跳了；我對法國人說那是很瀟灑的；對德國人說那是命令；對俄國人說那是勇敢的做法。」「那你對那個該死的美國人說了什麼？」大副著急地問道。船長幽默地答道：「我對他說，你買了保險。」

不恰當的幽默感很可能被人看作輕浮，其實，高明的幽默是智慧的表現，它必須建立在豐富的知識基礎上。要培養幽默感必須廣泛涉獵，充實自我，不斷從浩如煙海的書籍中收集幽默的浪花，從名人趣事和民間趣聞的精華中擷取幽默的寶石。這裡涉及到一個基本的問題，「你的幽默有多少公里？」如同車速高低，你的幽默也表明品味，正所謂「浮躁難以幽默，裝腔作勢難以幽默，鑽牛角尖難以幽默，捉襟見肘時難以幽默，遲鈍笨拙難以幽默，只有從容超脫，遊刃有

餘，聰明透澈才能幽默。」領會幽默的內在含義，才能真正培養幽默感，從而達到駕馭的目的。

幽默是金。在商業交往中不僅要「換位思維」，還要讓你幽默的「公里」逐漸加速。因為它是信念的表徵，拒絕幽默的人，永遠停留在上個世紀。

顯現華貴的氣質

氣質是人的認知、情感、言語、行動中，心理活動力量的強弱、變化的快慢和均衡程度。主要表現在體驗的快慢、強弱以及動作的靈敏或遲鈍，為人的心理活動染上了一層濃厚的色彩。一般透過人們處理問題、人與人之間的相互交往顯示出來，並表現出個人的、穩定的特點。氣質是人的高級神經活動，近百年來，個性心理學在行為方式上，揭示出興奮過程和抑制過程的三種特性：興奮過程和抑制過程的強度、均衡度和靈活性。氣質在處世交際中產生重要作用。好的氣質能夠推動處世交際能力的增強。特別是能夠折服別人，使他們在短時間內，對你產生良好的印象，你的起點自然就高過別人，而這種起點的爭取，其實，不費吹灰之力。

剛剛涉足商海的年輕人要學會打造自身的氣質，而且，給人彬彬有禮的感覺。要知道，「沉默不語」早已不符合時代

潮流了。舉一個簡單的例子，在一家商店中，一位顧客不慎讓手上的貨物掉落，打碎了玻璃櫃。這時，店員跑來要求顧客賠償損失。可是，顧客卻一口咬定，玻璃櫃陳設位置失當是他打碎玻璃的原因，因而不肯輕易退讓。雙方爭執引來很多顧客圍觀。氣質佳的商店老闆見狀豁達地說：「不要緊，那個玻璃櫃用過多年，早想換個新的。」這樣，這位顧客覺得不好意思，日後就成為商店的忠實顧客了。試想，如果雙方大吵一番，不僅不能解決問題，還會傷和氣。

氣質有時候具有震懾力。儘管受環境和教育影響，氣質有所改變，但是，心理活動的動力與活動的內容、目的和動機有關。由於人們的氣質不同，適應能力就千差萬別。在某種程度上，情緒的強弱、意志努力的程度從外界投射給我們一種符號。氣質使人整個心理活動都塗上個人獨特的色彩。毫無氣質的人往往不被委以重任，因為這種無氣質反映到對方，使人感到自己並沒有得到足夠的重視。在大多數情況下，都會影響一宗生意的談判。因此，氣質會影響商務活動的效率。所以說，氣質無小事，具有積極意義的氣質四兩撥千金。

氣質還影響人的意志，儘管它不能決定商務活動的社會價值和成就的高低。因此，只屬於個人品格的氣質，不能決定性格和能力的發展水準。但是，一旦輻射到意志，就會積極地改造世界，從而成為現實的主人。在商業活動中，養成

好的意志，會產生堅韌不拔的精神狀態。

氣質不是孤立的，它展現著不經意的禮儀文化，也極大地影響著白領階層的工作品質，由於它是構成品質的基礎，因此，必須加以分析和考慮。氣質影響一個人是否適合從事哪種職業。因此，招聘人員時應測驗氣質。在知識經濟時代，這是職業選擇和淘汰的根據。一般的氣質，為特殊的氣質營造了有利的烘托；特殊氣質也會使一般氣質極大地實現價值。這就是氣質的辯證法。氣質需要文化的滋養，所以，在辦公室奔波的上班族，想實現未來的目標，還是多讀書吧！

上班族生命的化妝

化妝是透過對美容用品的使用，來修飾自己的儀表，美化自我形象的行為。也就是有意識、有步驟地為自己美容。它最實用的目的，就是對自己容貌的缺陷加以彌補。而經過化妝之後，人們往往精神振奮，在商業活動中更加揮灑自如。如今，很多大企業要求員工化妝上崗，因為這能夠塑造企業的形象，並使得職員在與客戶接觸的過程中，感受到一種文化氛圍。因此，很多不把化妝當回事的職員都被視為犯規，而受到警告或懲罰。其實，化妝本身也是對自己的負責。

現在的問題是，如何遵守化妝的禮儀？經驗告訴我們，化妝絕不是舉手之勞，單單化妝品的使用，就有很多學問：

➤ 必須選擇適合自己的化妝品，市場上的化妝品有很多種分類，潤膚型化妝品、美髮型化妝品、芳香型化妝品、修飾型化妝品……不同類型的化妝品有著不同的功能和特定的使用範圍；

➤ 不能濫用花露水，濃香型適於宴會，清香型適於一般應酬，淡香型適合工作狀態，微香型適合浴後或健身時；

➤ 工作時的上班妝應該簡約、清麗、素雅，所謂略施粉黛、淡掃峨嵋、輕點紅唇，都應該選擇恰到好處的化妝品。

上班族在工作時間，要避免當眾化妝和補妝。否則，便被視為失禮的表現。常常可以看見一些上班族女性，一有時間，就從包裡掏出化妝盒「顧影自憐」，殊不知，這種當眾表演是相當不莊重的。此外，不要在工作時談論化妝問題。儘管這是一個焦點問題，但是，影響工作的做法都是不妥的。值得特別注意的時，化妝還應該有始有終，努力維護妝面的完整。如果沒有意外，就不應該做太大的調整。否則，會讓人感到突兀。

如果能選擇一家美容院，那就更好了。因為在這裡可以做系統的美容維護，從而最大程度上挖掘你美的潛質，提高你的自信。

　　臺灣著名作家林清玄曾經深刻地分析化妝的本質，並將這一美容藝術分成了三個境界，最淺層次的是局部的化妝，其次，就是全面的裝飾，達到和諧美，而最具有化妝本質意義的則是生命的化妝，那是整個精氣神的投入。在商業活動中，適當的化妝可以讓自己儘早進入狀態，並掌握化妝的真諦。在這裡特別要提示的是，千萬不要過猶不及，過分的濃妝豔抹讓人產生虛榮、誇張等不踏實的感覺，而且，它幾乎和邋遢一樣，給人帶來不愉快的感覺，從而影響正常的商業往來。

讓黑頭髮飄起來

　　美髮在當今變得越來越重要，它指的是人們對頭髮所進行的護理和修飾，這是裝束禮儀中不可或缺的部分。因為我們在觀察人的時候，都是「從頭開始」的。從可操作的意義來講，美髮主要分護髮和做髮兩部分，美髮禮儀要求職員必須經常地保持健康、秀美、乾淨、清爽、衛生、整齊的狀態。最基本的方法是勤洗頭，從這一點上，我們就能感受到，美髮並不是一件簡單的事。

➤ 要注重水的溫度適宜，含酸或鹼過多的礦泉水都是不適宜的；

➤ 要注意洗髮精的選擇，除了適應自己的髮質外，還要去
　汙性強；

➤ 要注意頭髮的晾乾和梳理。

　美髮禮儀主要涉及到頭髮的修剪、造型、養護等方面問
題。經過裝飾之後的頭髮，必須以莊重、簡約、典雅為主導
風格。對於商界上班族而言，至少有三方面問題值得注意：

➤ 應該定期理髮，蓄髮給人散漫的感覺；

➤ 應該慎重選擇理髮方式，剪、削、乾洗、吹、溼洗、
　染、燙……應該根據個人愛好，進行恰當的選擇；

➤ 應該留意頭髮的長度，披髮即使對於上班族女性來說，
　也是非常不合適的。

　此外，頭髮的造型也非常重要，這幾乎可以被看作是美
髮禮儀的關鍵環節。

　造型藝術應該考慮到性別、年齡、髮質等綜合因素：

➤ 髮型往往被看作是男女性別的「分水嶺」，儘管如今新新
　人類理「板寸」、剃光頭、紮小辮，但是，絕不應該成為
　恪守規則的商界人士的仿效對象；

➤ 上班族必須隨著年齡的變化，不斷調整自己的髮型，千
　萬不要「以不變應萬變」；

➤ 不同人之間的髮質區別也很大，最常見的分法是硬髮、

綿髮、沙髮、卷髮四種類型。髮型設計師應該就不同的髮質做不同的設計。

此外，還要考慮臉型、身材等多種要素，高級的設計會突出優點，掩蓋不足。

上班族的莊重和保守應該在髮型上得以落實。最起碼的是，「龐克式」、「燙字式」、「夢幻式」都不符合上班族的慣例。還要特別注意的是，上班族不要在頭上濫加裝飾物，最好不使用髮卡、髮帶、髮膠等，更不要將頭髮染成五顏六色，只要飄逸、簡約、潔淨，黑頭髮的風采一樣迷人。如果你有戴帽子的習慣，就要注意不要把這種習慣帶到工作崗位，如果穿著工作服走在大街上，就要考慮帽子的品味，貝雷帽、公主帽、棒球帽等只能限於休閒時使用。否則，自然給人不莊重之嫌。

當今時代，簡潔即美。費勁心思地把時間花在美髮上，有時候倒可能適得其反。因為商業人士講求乾淨、俐落、灑脫，過多的裝飾和點綴難免令人感到花俏。要注意，「從頭開始」的商業活動應該從始至終透著一股精氣神，因為它提供給對方的資訊是你的自信與把握，以及對事業的負責。在某種程度上講，這也是禮儀文化的重要組成部分，甚至決定著其他禮儀程序能否順利展開。儘管「以貌取人」頗有些不妥，但是，在講求效率的知識經濟時代，對待任何的環節都不能天真，否則，遺憾就可能接踵而至。

面試必修課

　　人人都要融入社會，走向社會的第一課就是選擇並掌握適合自己的職業。這需要你付出很大的努力，求職是每個人都需要面對的難關。因為，這項過程不僅僅要看個人履歷，在基本條件負荷的情況下，更為重要的是現場應對能力。

　　既然面試這麼重要，那就要好好準備一番。可細細想來有什麼可做呢？第一次面試的重點就是外在形象。很多人都十分注重對方帶給自己的第一印象。也就是通常所說的「光環效應」。如果你給對方留下良好的第一印象，此後做的事、說的話，對方都會往好的方面想。而當你第一次見面給人留下不太好的印象時，對方自然就常常把你的言談舉止往壞的方面想。這其中的利弊不言自明。你的氣質一定要適應應徵的公司、職務。而人的外在形象往往展現了個人的內在修養，不同的職務自然要有不同氣質的人。比如要應徵外務的，就應該把自己打扮得精明幹練。要是應徵一個行政人員，就要顯得穩重一些。

　　一個人的外在形象不僅僅在於他的著裝，還在於他的體態動作。舉手投足之間，素養往往就展現出來了。首先你要學會微笑的藝術。人類最可愛的面孔就是微笑。你們談到有同感的事情時；當對方讚揚你的時候；抑或當大家在調節氣

氛的時候，一個面帶微笑的你是會給對方留下好印象的。不要以為老盯著對方看是尊重的表現，其實，這很不禮貌。但是，你要是不敢看對方的眼睛，反而顯得太不自信了。遇到這種場合，不如放鬆點，不要太緊張了，就把對方當作是你的老師。要遵守紀律，不要老做小動作，不要東張西望。坐姿要端正，千萬不要打哈欠、吸菸。你不會不知道怎麼和老師打交道吧。

　　知己知彼才能百戰不殆。盡力地了解求職公司的情況可以提高你成功的機率。比如說這是什麼性質的企業，它的實力如何，所應徵的職位性質怎樣。任何一間公司都只需要對他們有用的人。對方要看你的條件和他們所要求的有多少符合，條件越吻合，你的機會自然就越大。他們不會僅僅從你的履歷裡了解你，不然還面試做什麼？他們要想了解你就要提出各式各樣的問題，透過你的作答來考察你的條件。你要做的就是有問必答，同時還要不失時機地主動介紹你自己、談談對職務的想法。充分發揮你隨機應變的能力。不要太過於炫耀自己的能力，要客觀的評價自己，多談和應徵職務有關的，只有這樣，才能讓對方知道你才是適合的。當然，不自信也是不對的，儘管謙虛是重要的，但是，一就是一，二就是二，說出事實才是重點。此外，還要讓對方了解到你是一個誠實的人。

在面試的時候，無論你的表現如何，都由對方綜合你的印象，繼而分析應不應該留下你。了解考官同樣的重要，要是有機會的話，最好了解他的興趣愛好、性格特點。每個負責招聘的人，往往都喜歡和他的性格相近的人。所以你要想方設法調整自己的心態，從而和他一致。但是，千萬別學著和他抬槓。沒有什麼人喜歡和他唱反調的。最好的狀態是，不卑不亢，尊重對方同時尊重自己。

服裝配飾有講究

有了得體的服裝之後，還要在其上著意點綴，這時，與之相適的配件往往起到畫龍點睛的作用，讓人眼前一亮。相反，要是搭配不協調，再好的衣服都會黯然失色。

眼鏡是最常見的配飾。合適的眼鏡會使你平添幾分書卷氣，或者顯得更加穩重。配戴眼鏡為了彌補缺欠，增加健康的指數，視力不好的人，如果沒有度數合適的眼鏡，會加重眼睛的負擔，不僅生活不便，時間久了視力還會下降，實在得不償失。其實，眼鏡會影響到整個面部的輪廓印象。一般來說，有稜角鏡框的眼鏡，適合臉型較圓的人。圓鏡框的眼鏡適合方型臉下巴寬的人。窄邊方框的眼鏡適合短下巴的人。長瘦臉型的人適合配戴寬邊的眼鏡。從顏色上看，半透

明或者淡淡的褐色邊框的眼鏡幾乎適合於各種膚色的人們。膚色較深的人適合深色鏡框的眼鏡，膚色較白的人適合淡顏色的鏡框。黑色的鏡框年輕人使用顯得更加穩重，但是，年長的朋友不可使用。因為那樣會顯得年紀更大。

此外，前衛的太陽鏡會使你魅力四射，但要注意鏡片對眼睛的保護。男士在正式場合，應該戴棕色、灰色、深藍色等深色圍巾。進入房間也不要戴帽子圍巾手套等。女士的圍巾帽子在顏色上應該與服裝相協調。服裝的色彩單純，或者顏色較暗應該配花色的，起到畫龍點睛的作用。如果服裝顏色亮麗，就適合搭配素色圍巾、帽子。個子高的人帽子可以大一點，身材小的帽子應該小些。戴帽子如果不講求方式，產生的效果自然下降。戴得靠後，會使人感到輕鬆活潑；戴得靠前會突顯你的個性。但更為重要的是要結合服裝的款式，突出自己的風格。

鞋襪是服飾的重點，男女有所不同。應用最廣的黑色幾乎可以和所有顏色搭配。腿比較粗的女士，適合穿鞋跟比較粗的鞋。腿比較纖細的女士，則適合細高跟鞋。若是 X 型腿 O 型腿就不要穿高跟鞋了。穿時裝或是職業套裝，千萬不要穿旅遊鞋或布鞋。女士絲襪以肉色為宜。淺色的裙子要是配上大花紋的襪子或者黑色長襪就顯得不正統。襪子應該能讓裙子下擺蓋住。要是露出一截腿，就不太雅觀了。同樣，夏

天穿涼鞋也不應該再穿襪子。男鞋自然是黑色、棕色、以及深咖啡色的。黑皮鞋可以和各種衣服相搭配，什麼場合都穿得出去。繫帶式的皮鞋適合於較為正統的場合。在工作場合和正統的活動中，西裝應該搭配深顏色的襪子，顯得人穩重成熟。

生活中還有許多事情值得注意。比如說穿旅遊鞋時，應該穿便裝或者牛仔服。男士的包最好不要有裝飾物。最少在身邊帶一支筆，可以放在西裝內側的上衣口袋裡。還要準備手帕，裝飾性的手帕放在胸前口袋，不可以當作普通手帕使用。另一種擦手、擦汗的手帕要保持乾淨整潔。這樣，你就會給別人留下良好的印象，從而樹立起真正的自信。

到陌生人家做客

為了解決工作和生活中的問題，我們不免要到陌生人的家裡做客，透過深入的交流，使得原本困難的事情變得容易。這時，就要特別注意禮節。如果貿然來到對方的家裡，就應當盡快講完事情，馬上離開。主人禮貌地問你是否一起吃飯時，最好不要同意，因為對方沒有考慮為客人準備飯菜，話語間流露的只是客氣。如果對方對你的話不作出反應，也不提出疑問，不找新的話題，就說明你的存在並不十

分受歡迎。而你也就應該考慮告辭，再選擇更合適的時間來造訪了。

　　一般的做客都應該預約。約會要周到，赴約要守時，做客時才會自然大方。當來到對方的家門口時，首先要敲門或按門鈴，得到允許之後再進門。進門之前，一定要把鞋上帶的泥擦乾淨，然後摘掉頭上的帽子，如果趕上雨天，還要注意把雨傘、雨衣放在室外。進門後，首先向女主人問好，再向男主人問好，再與其他家人點頭致意。就座之後，不要以居室的大小、家具的價格開始交談，更不要撫摸對方家中的擺設。話語投機的時候，不要動輒吸菸，因為出於禮貌，女主人儘管介意，也不會輕易提出來。

　　由於生活習慣的不同和性格的差異，談話不可莽撞。但是，也不必因此緊張激動。因為手足無措，往往會出洋相，過分隨便，讓人感到輕薄，只要端莊、大方、自然，才能進入正常的交談。當對方上茶時，你應該站起來雙手接過，並致以謝意。談話時的坐姿要端正，不要悠然地翹二郎腿。此外，東張西望也是不好的。如果有長輩參與談話，就要注意謙虛傾聽，之後，再主動地談自己的看法，如果旁若無人地去班門弄斧，或者滔滔不絕地去大發議論，以至於中途打斷別人的談話，都會引起對方的反感。

當然，如果談話非常愉快，不免要在一起聚餐。用餐時，要注意女主人的動作，這樣才可能入鄉隨俗。此外，還要誇讚女主人的手藝高明。當主人為你分菜的時候，不必推讓，否則，對方會以為你嫌她的菜做得不好。飯後不要立即告辭，跟主人再攀談一會兒，是非常必要的。但是，攀談的時間不宜太長，以免耽擱對方休息的時間。當告辭的時候，還要向對方表示感謝。如果與對方的感情並沒有達到默契的程度，做客後還應打電話表示謝意，這樣，對方會感到非常溫暖，覺得跟你的交往非常愉快。

在日常生活中，如果忽略了必要的禮節，就會讓對方產生反感。不恰當的評論、彆腳的交流、客套的虛偽都會讓人感到生命為你而虛度，此後，再進行更深的交往，恐怕就是一件比較難的事情了。為了把友誼經營到默契的程度，就要給對方信任感，至少要給人投緣的感覺。如果在做客的時候，言語之間流露出不經意的不尊重，比如說嫌對方房間狹小、雜亂、格局不妥，都是沒有絲毫益處的。殊不知，你的「實話」是一種不禮貌的表現，所謂「過猶不及」，就是這個道理。

第一章　形象：塑造第一印象

第二章

公關：完善溝通的藝術

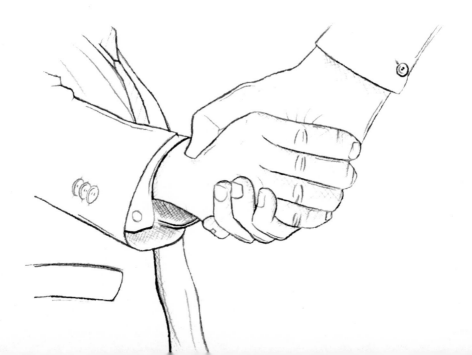

手勢語的價值

　　人的手勢是一種極其複雜的符號，它能夠表達一定的含義，在人際交往中發揮直接的溝通作用。手勢語不是手語，它是有聲語言的補充。最常見的手勢語就是鼓掌，經常為別人鼓掌，能夠表現出你的豁達。因為，只有真心為別人著想，才能在對方取得成績時，由衷地表示高興。伸出拇指與鼓掌有異曲同工之妙，而伸出小指，則無疑是在貶低對方。掌心向上有一種尊重的含義，向下則表示不夠坦率，或者是缺乏誠意。當然，緊握拳頭所暗示的進攻、自衛或者憤怒，就再明顯不過了。

　　需要注意的是，平時在言談中，最好不要對別人指指點點，這種教訓人的手勢，除了遭到反感之外，恐怕沒有任何社會意義。為陌生人指路時，也要注意手指自然併攏，掌心向上，指示前方的目標，千萬不要伸出手指來指指點點。由於文化的差異，不同民族和國家的手勢表達的內容有很大差別。在臺灣向別人招手時，表示希望對方能夠到身邊來，而在英國，同樣的手勢表達的意義是「再見」，這種手勢在日本有被視為不禮貌的行為，因為當地人在招呼動物或幼兒的時候，才使用這種手勢。

　　美國人在路邊伸出大拇指，表示要乘坐計程車。在奈及

利亞和澳洲，同樣的手勢卻在表達罵人的功能。日本的女孩子如果向單身的男孩子做這一動作，是在問對方有沒有女朋友。如果男孩子做出同樣的回應，那就表示事情可以有所進展。用拇指和食指合成圓圈，另三個手指微微張開，透露的意思是「OK」，也就是讚揚和同意的意思。食指和中指立起來，其他手指合攏，就是渴望成功的手勢表達，「Victory」在運動賽場上的使用頻率是相當高的。

可是，國際上通用的流行語在某些國家有時並不通用。上述的「OK」在法國的一些地方被解釋為「零」，即「起點」或「毫無意義」。在日本表示錢幣，而在俄羅斯、巴西和土耳其則被理解為罵人的意思。所以，如果遇到這些國家的朋友，在交往的過程中，就要慎重使用「OK」這種手勢，以免產生不必要的誤會。同樣的道理，伸手在太陽穴附近轉一圈，在不同的國家也有不同的理解。美國人和巴西人認為這是瘋子的做法；阿根廷人理解為有人想跟自己在電話裡交流；而在德國則是罵對方開車技術太差。

孩提時代，人們就開始使用手勢表達意願，達到與他人的交流。此後，這種體態語就與人的一生糾纏在一起。如果使用恰當，你將因此具備「第二張嘴」，而且，有時候，用言語表達不清楚的事情，在體態語中都能夠得到解決。隨著國際一體化進程的加快，在學習外語的同時，還要弄清楚不同

國家的生活習慣、文化狀態以及體態表達方式，只有這樣，才能逾越隔在不同民族之間的鴻溝，從而使交流更加徹底。一旦外國朋友意識到你的體態語和自己能夠產生交流，很多誤會自然就煙消雲散了。

跟演說家學表達

在很久遠的過去，一些偉大的演說家以犀利的思辨和高水準的演講技巧爭取了聽眾的心靈，從而構築了歷史。儘管這些聲音僅僅以口頭方式流傳，而未能見諸文字，失去了保存的可能，但是，從人類的傳承來看，這種高品味的智慧在不斷發展。西塞羅曾經莊嚴地對羅馬元老院說：「迦太基必須毀滅！」派屈克‧亨利在高喊：「對於我，不自由，毋寧死！」亞伯拉罕‧林肯更是深情地說：「在上帝守衛之內，這個國家應享有自由的新生！」如果從偉大的演說家身上學到現代社會可能操作的行為方式，一定會獲得驚人的進展。

日常生活中的商業語言也非常重要。對於那些渴望在商業上獲得成功的人，談話需要自信、準確以及具有說服力。在緊張的商場上，商業精英首先要推銷的就是自己。從申請第一項工作的晤談，到作為會議的主角發表演講，必須在整個過程中不斷地說服別人，因此，上班族的談吐、交際形

象、魅力等必須全面打造。最近幾十年來,語言又有了新的發展,上班族的言行不僅會被人聽到,也會被人看到。過去與外地同行洽談生意時,可能使用電話,由於科技的發展,除了在外地辦公時使用手機,如今他們很可能是在使用閉路電視系統。 商界鉅子也經常在辦公室開視訊會議。因此,語言不再是單一的活動。

而演說家就是著意加工語言的典範。威廉‧詹寧斯‧布萊恩曾發出這樣的聲音,「你們不能將這頂荊冠壓在勞工的頭上!你們不應把人類釘死在一座全十字架上!」他在講這句話時的手勢一定是震撼人心的。還有一個思考問題的角度,在無聲電影的時代,明星都不必注意談吐,因為影迷看到的僅僅是畫面,根本聽不見聲音,所以,一切對劇本內容理解與演繹都要透過行為表達。從卓別林等人主演的電影中,我們就能夠感受到,片中的體態語是極有穿透力的,表達的內容也是相當豐富的。

但是,聲音和行為的結合將產生更大的力量。科技革命使語言的魅力得到幾百倍的翻覆,1920 年末,有聲電影宛如橫掃一切的鐮刀,幾乎把當代明星淘汰個精光,據說一位前程無量的明星在第一次聽完自己的錄音之後,竟然就吞服了過量的安眠藥。眾多影迷心目中的大明星看過《時代週刊》毫不留情的影評之後,便無聲地告別了影壇。多重價值的表

達確實不是容易的事，如果他們能從演說家身上獲得啟示，命運似乎就會有所改變。因此，商界精英錘鍊語言，找到事業生活的最佳切入點，是亟待完成的事情。

表達是一門藝術，可是，並非誰都能成為藝術家。要想在公關過程中得到提升的契機，必然要透過表達的橋梁。而如何才能夠加大表達的力量，往往是人們關心的問題。問題的答案不止一種，但是，任何的解決方法都不能離開話語和行為兩種途徑，將兩種途徑加以完美組合，需要不斷地培養，繼而形成習慣。而成功與否也就自然在表達中做出結論了。

學會稱讚

每個人都喜歡接受稱讚，從六歲的孩子到六十歲的老叟，幾乎沒有例外。同時，人們還喜歡將自己和別人比較，而且樂於接受的結果是，自己更比別人好一點。所以，有比較意義的讚美語言大都是常常掛在嘴邊的。舉個最簡單的例子：老黃和老李兩人以不同的價錢買了兩件完全一樣的夾克上衣，而老李買的比老黃買的便宜，因此，老李覺得很得意。如果當著老李的面，說買上衣這件事，有人可能會說，「老黃吃虧了，你撿了個便宜。」結果誰也不高興，如果換成「你買的比老黃買的便宜多了」，似乎表現不出老黃的愚蠢，

卻加重表明了老李的精明，非常相似的兩句話，往往都能產生差別迴異的結果。

因此，在稱讚別人之前，一定要多思考。這樣，才能避免好事變壞事。再比如說，有人送你一隻青花碗，這時候，對人家說句感謝是非常必要的，如果在稱謝的同時加以對花瓶的稱讚，送碗的人必然更高興。「這個碗的樣式很好，擺在我的書桌上是最合適了」，在稱讚之中隱含著對方選擇得宜的意思，其潛臺詞是，「你送的這個青花碗我早就想買了，想不到你卻送來了」，對方一定會為此感到由衷的快樂。而且，還想送你其他禮物，因為他覺得你懂得他的心意，你們的判斷力是有交流空間的。

稱讚的範圍一定要廣泛，特別要注意不能因為稱讚一部分人，而冷落了另一部分人。如果教師總是在課堂上面對幾個學生，即使談笑風生，也可能被其他人拋在腦後。因為沒有人想做局外人。在這個意義上講，設身處地地替受到冷落的人著想，是非常高明的處世態度。而感謝和稱讚有著密切的連帶關係，一旦對方意識到你的善意，必定會以真誠作為回報。稱讚需要耐心，如果對孩子說「你的字寫得真好！」他以後一定會寫得更好。不要擔心這樣會導致他驕傲，跟孩子的自卑比起來，驕傲幾乎不值得一提。在商業場合中，對待合作方應該要有如同對待孩子般的耐心。

以讚美來引導出鼓勵，於人於己都大有好處。激發對方去督促自己，比不厭其煩地督促他的效果要好得多。但人們接受讚美的時候，往往感到自己走進了一條鼓勵的河流。經理如果對員工說：「公司對你的工作很滿意，安心努力地去做吧！」員工往往覺得聽到這句話比加薪還高興。可非常遺憾的是，這句簡單的話不是任何經理都能說出來。許多經理永遠也不會讚揚部屬，整天板起面孔督促人，最終的結局只會是公司裡死氣沉沉。

對員工好一點，就是對自己好一點；反之，對老闆好一點，也是對自己好一點。這是對他人的尊重和對自己的負責，因為生活的枯燥需要稱讚來潤滑，試想，只要做錯了一點事情就挨罵的狀態是毫無活潑可言的。從來不鼓勵人的公司，絕不會有什麼發展。因此，懂得讚美和鼓勵學生的校長和老師、會引導兒女的父母、會開發潛能的主管都取得了事業或生活中的成功。

做談判的高手

商業談判是對個人能力的綜合考察。因此，在談判之前，一定要做好準備。首先，要確定自己的身分與對方談判代表相當；其次，要整理好自己的儀容儀表，穿著要整潔正

式、莊重。上班族男性應刮淨鬍鬚，穿西服必須打領帶，上班族女性的穿著不宜太性感，最好不要穿細高跟鞋，切忌濃妝豔抹。再次，要了解談判會場的環境，如果以東道主身分出現，要設置長方形或橢圓形的談判桌，門右手座位或對面座位應讓給客方，表示必要的尊重。

考慮好禮儀的問題之後，就要在談判的主題、內容、議程上做文章了。為此，談判代表要制定好計畫、目標及談判策略。當談判開始的時候，給對方的第一印象十分重要，言語上一定要盡可能創造出友好、輕鬆的談判氣氛。特別是不要表露出傲慢的態度，與陌生人相識時，應起立微笑示意，禮貌地說聲「幸會」、「請多關照」等。在詢問對方的情況時要客氣，盡量使用「請問您貴姓」等禮貌語，要雙手接遞名片。而且，談判最開始要選擇雙方共同感興趣的話題，以溝通感情，創造溫和氣氛。

在談判過程中，應注意目光在注視對方的時候，要停留在對方雙眼至前額的三角區域，使對方感到被關注，同時，在心目中給你打個高分。如果使用手勢，一定要自然，不要誇張地亂揮手臂，造成輕浮的感覺。雙臂在胸前交叉，是極其失禮的表現。在談判的實質性階段，涉及報價、查詢、磋商、解決矛盾、處理冷場等情況。報價要明確無誤，恪守信用，不欺矇對方。查詢要選擇氣氛和諧時提出，態度要開誠

布公，報價不得變換不定。磋商時容易因情急而失禮，這時候，尤其要注意保持風度，求大同，存小異，措詞禮貌。才是聰明的做法。

一旦遇到矛盾需要解決，要保持耐心、冷靜，千萬不要怒氣沖沖，甚至進行人身攻擊。如果一輪談判已經完成，或談判陷入僵局，就要考慮轉移話題，作必要的鬆弛。特殊情況下，還可以當機立斷，暫時中止談判，冷場持續過長是極其有害的。一切意向都達成之後，簽約儀式就變得至關重要。參加談判的全體人員要共同進入會場，雙方應相互致意握手，一起入座。一般情況下，雙方都設有助簽人員，助簽人員協助簽名人打開文本，用手指明簽名位置。雙方代表在文本上簽名後，由助簽人員互相交換，代表再交換簽名。

談判是一門大學問，其中任何環節出現問題，都會影響局面。由於談判是即時工作，自然要求參加者的素養，而禮儀方面也特別考究。談判可以表現出一個人全方位的素養，因此，在談判前後都應該多動腦筋。當談判的最後環節——簽名完畢後，談判雙方應該同時起立，交換文本，而且相互握手，祝賀合作成功。其他隨行人員則應該以熱烈的掌聲表示喜悅和祝賀。這表明一個新的工作已經開始，雙方要在雙贏的平臺上對話，優勢聯合，弱勢互補，共同打造時代的大船。

如何在開幕儀式上剪綵

剪綵起源於 20 世紀初美國的一個鄉間小鎮，一家商店的店主從一次偶然發生的事故中得到啟迪，創造了這一嶄新的慶賀儀式。當時，商店即將開業，店主為了防止顧客將優惠的商品搶購一空，就找來一條布帶子拴在門框上，誰知，這更加刺激了人們的好奇心。碰巧的是，店主的小女兒這時牽著一條小狗從店裡穿了出來，「不諳世事」的小狗將拴在門框上的帶子拉扯到地上，顧客以為這是店家的開業花樣，於是，快樂地沖進店內，瘋狂地搶購商品。這一天，商店的生意非常火紅，收入直線上升。

此後，剪綵又經過了多次改版，天真的兒童、妙齡的少女、社會的名流依次成為剪綵的主體。而剪綵也從單純的促銷手段轉化為商務活動中的重要儀式。公司的成立、企業的開業、飯店的落成、店鋪的開張、銀行的開市、建築的啟用、航線的開通、博覽會的開幕等都需要隆重舉行剪綵這一禮儀活動。剪綵的慣例必須遵守，否則，無法讓人感到如意、吉祥和喜悅。剪綵者是剪綵儀式上的關鍵人物，其儀表和舉止直接影響剪綵儀式的效果。因此，剪綵者應當講究禮儀，此外，剪綵的程序和工具必須策劃準備得周到細緻。

➤ 最起碼的要求是，剪綵者的穿著要整潔、莊重，精神要飽滿，給予參加者穩健、幹練的印象。在走向剪綵的彩帶時，剪綵者應面帶微笑，落落大方。當禮儀小姐用托盤呈上剪綵用的剪刀時，剪綵者應向禮儀小姐點頭致意，並向左右兩邊手持彩帶的禮儀小姐微笑致意，然後全神貫注，充滿自信地把彩帶一刀剪斷。這時候，要輕輕放下剪刀，轉身向四周的人鼓掌致意。這樣，剪綵者在別人的眼中才能富有涵養，儀式也才具有一種和諧之美。

➤ 剪綵使用的紅色彩帶應當由一整匹未曾使用的紅色綢緞在中間結成數多花團組成，花團要生動、精美、醒目，數目應該與剪綵者的數目直接相關。剪刀必須是嶄新、鋒利而順手的，此外，還要準備一副白色薄紗手套，給人鄭重的感覺。

➤ 剪綵者應該是經過慎重的選擇而決定的結果。相關人員事先還需要進行必要的培訓。在確定剪綵者名單之後，要儘早徵求對方的意見，或者令其做好準備。剪綵的程序要有條不紊，在正式場合懸掛與剪綵儀式有關的大型條幅，已經逐漸成為常識。

剪彩的程序一般包括 6 項：

1. 請來賓就座，座位要與剪綵的順序相關；
2. 主持人宣布儀式正式開始，介紹到場的各位來賓，到場者報以熱烈的掌聲；
3. 播放公司的形象音樂；
4. 各級長官、代表、雙方負責人等發言，發言不得超過 3 分鐘，應該突出重點；
5. 剪綵的儀式要熱烈，必要時附以鞭炮；
6. 剪綵之後，東道主陪同來賓參觀公司設施，退場的時候，一律從右側通過，而禮儀小姐應該最後退場，這樣，整個剪綵儀式才能協調一致，歡慶典禮的價值才能夠增值，公司的形象自然在日後昇華。

選擇「陽光作業」

在一次小範圍的聚會中，大家談起了一座城市，並紛紛議論城市的交通擁擠、衛生不佳，可過了一會兒才發覺，在聚會的人群中有一位是市政府的祕書。這個情景是失禮而且尷尬的。同理可證，在公關過程中，最好避開會導致雙方發人或爭吵的話題，因為今天的社會常常把良好的禮貌作為檢驗人成熟與否的象徵之一。日常生活中的交往也需要「陽光作業」，凡事一針見血地指明，背後竊竊私語是極端不禮貌

的表徵，往往令人所不齒。

人終歸還是人，具有思想和語言，很多時候的錯誤都只是由於缺乏思考或者是無知。因此應該加以體諒，這是人們公認的美德。舉一個例子來說，有人向約翰介紹大記者湯姆，對方看上去引人注目，身著西裝和條紋西褲，鈕扣上還別著一枝紅玫瑰，約翰肯定在該報頭版新聞裡看過對方的名字。於是，信口說傾慕他寫的新聞報導。而湯姆感到十分不解：「你是第一個對我這麼說的人，因為我是專門寫訃告的」。失敗的敷衍比簡單的對話更令人感到蒼白，但是，湯姆的話簡單而富有彈性。

靜坐常思己過，閒談莫論人非。不要在第三者面前去責罵一個人，無論他是什麼人，都有和你一樣的自尊。要知道，禮貌和教養往往在責罵中遺失，仔細想一想，為什麼對別人如此苛求呢？如果他是可以改好的，你不必怒罵他；如果他是無法改好的，你罵他也沒有用。以關懷的口吻說話是一切成功者必備的條件。如果常此以往而且操作得當，會被人認為具有超常的魅力，如今，不禮貌用語有日漸增加之勢，很多人在不覺間失去魅力，儘管可能並無惡意，但是，傷害別人感情的字眼使得美好的語言像珍稀動物般銷聲匿跡。

盡量在修養上以及禮貌上多提高自己，會有明顯的收益。還要注意的是，如果剛剛減輕了五公斤體重，或者剛戒掉菸，對一個胖子或一個老菸槍談起你是如何做到這一點的，很可能讓對方感到窘迫和不快。這時候，應該獨自地享受快樂，並盡可能地收斂自己的成績所帶來的興奮狀態。「陽光作業」最忌諱傳播涉及他人隱私的謊言，不論有意無意，傷害他人的閒話都是不可寬恕的——故意的是卑鄙，無意的是草率。儘管人們最愛的是自己，最大的興趣是別人，但是，自己厭惡的東西，不要用到別人身上。

「陽光作業」拒絕遠離公平的暗箱操作，它要求一切都明朗起來，這是禮節的表徵。同樣，它也拒絕不負責任的粗魯莽撞，以及無端干涉別人感覺的行徑，要知道，生活中毫無章法的直白是相當傷人的，因此，如果你對安妮提到莎麗的體重增加了，儘管這是事實，而且，她也確實應該節食了，可是，要講究說話的方法，隨意地提及這件事無異於打了莎麗一記耳光，由於安妮正閒得無聊，對你的話十分感興趣，就又加重了對莎麗的傷害。這樣，生活就要求你在必要的時候休口，否則，必將自食其果。

做個有教養的人

現代人際交往中，有教養的人在事業、生活中所表現出的良好的個性，受到了人們的歡迎，而若給人留下沒有教養的印象，很多事情就變得舉步維艱。簡單來說，有教養的人與眾不同之處可以被歸納為如下幾點：

1. 嚴格守時。有教養的人是拒絕遲到的。無論是開會、赴約，他們都懂得準時到場，因為遲到是不尊重人的表現。

2. 談吐有節。有教養的人從不隨便打斷別人的談話，他們總是在聽完對方發言之後，再去反駁或者補充看法和意見。

3. 態度和藹。和別人談話的時候，有教養的人總是望著對方的眼睛，而且注意力非常集中，他們絕不會翻東西，看書報，顯出心不在焉的樣子。

4. 語氣中肯。有教養的人從來不高聲喧嘩，為人處事時心平氣和，以理服人，他們知道扯開嗓子說話，既不能達到預期目的，反而會使人生厭。

5. 從不自傲。在與人相處時，有教養的人從來不強調個人的特殊，也不會有意表現自己的優越感，他們非常講究平等。

6. 尊重他人。有教養的人尊重別人的觀點和看法，即使不

能接受或明確同意，也不當著對方的面指責，甚至使用
「瞎說」、「廢話」、「胡說八道」等不禮貌的語言，
他們要陳述己見，分析事物，講清道理。

7. 信守諾言。答應了別人的事情，有教養的人一定會盡力
做到，即使遇到困難也不食言。他們會竭盡全力地維護
自己的威信，而身體力行是最有說服力的。

8. 關懷他人。不論何時何地，有教養的人對婦女、兒童以
及上了年紀的人，都會給予最大的照顧和方便。因為誰
都有責任去保護弱者。

9. 寬容大度。有教養的人與人相處胸襟開闊，絕不可能為
一點小事和朋友、同事鬧彆扭，甚至斷絕來往。他們知
道生活中的輕重緩急。

10. 有同情心。有教養的人從來不會幸災樂禍，當周圍的人
遇到某種不幸時，他們都會盡量給予同情和支援。並幫
助別人擺脫困厄。

上述特徵其實都是有禮貌的表徵，這種禮貌也正是沒教
養的人所不具備的，由於沒有教養，在知識經濟時代，很可
能被淘汰出局。要想避免出局，就要注意：

➤ 到忙於事業的人家去串門，應在辦妥後及早告退，不要
失約或做不速之客；

➤ 不要辦事才給人送禮，禮品與關心親疏成正比，應講究實惠；

➤ 不要喧賓奪主，也不要自卑自賤；

➤ 不要對別人的事過分好奇，更不要觸犯別人的隱私；

➤ 不要撥弄是非，傳播流言蜚語；

➤ 應該學人寬容，不能強人所難，也不能總是要求別人與自己一致；

➤ 服飾不要骯髒，也不要過於華麗，否則會引起別人的不快；

➤ 不要隨時隨地咳嗽、打嗝、吐痰，也不要當眾打扮自己；

➤ 不要長幼無序，禮節應適當有度；

➤ 不要不辭而別，離開時應表示謝意。

　　教養是做人必備的素養，在當今時代，已經不再是個人的修養問題了，它關乎整個社會的發展水準，很難想像，怎樣在一個沒有教養的城市生活，而沒有教養的人生活在有教養的社會，只能有兩種選擇：不是逃離，就是同化，從沒有教養到有教養的同化是一種進步。

自覺做到婦孺優先

在生活水準和公民素養較高的社會，法律和道德都是保護弱者的，沒有這種意識的人都被認為是不禮貌的。當女士和兒童上車的時候，男士應該主動開車門；坐車時要給婦孺讓座；在劇院入場時為女士開路並找到座位。女士在兩排之間通過時，入座的男士應起立禮讓；當男女相遇時男士應先致意；如果女士不入座，男士就不能入座；在街上行走時，男士要走在女士左側，當婦女和兒童穿越馬路時，男子必須護送。現代社會的婦孺在生活中總是會得到格外的優待，因為尊重婦孺是很多國家的傳統美德。

這種傳統在歷史和宗教的角度都能找到答案。除了上述禮節之外，還有一些符合國際慣例的禮節值得注意：上下電梯時，應讓女士走在前面；下車、下樓時，男士應走在前面，以便照顧女士；用餐時，要請女士先點菜；和女士打招呼時，男士應該起立，而女士則不必站起，坐著點頭致意就可以了；異性在握手的時候，男士必須摘下手套，而女士可以不必摘下。女士的東西掉在地上時，男士應該幫她拾起來。只有這樣，男士的風範才能得到恰當的展示，也才能符合現代社會的規範。

　　婦女和兒童在得到照顧的時候，應該表示必要的感謝，否則會被認為是失禮的表現。由於平日的關心、幫助，往往都只是舉手之勞，很多人常忽略對日常生活中得到的幫助表示感謝。當有人為你遞上一杯水，在街上為你指路，撿起你掉下的東西時，你都應該向人及時表示謝意。說聲「謝謝」意味著你對別人提供的幫助表示肯定。不要只對大的幫助感激不盡，「誤以惡小而為之，莫以善小而不為。」對生活中的善意的幫助，每個人都應該懷有一顆感恩的心，並恰當地流露出感動。

　　感謝的方式各式各樣，口頭致謝、書面致謝、電話致謝或由他人轉達謝意等等都可以使用，只要依情況做出選擇，都會受到很好的效果。口頭致謝是應用最多的感謝方式，也最適用於日常生活，如果別人幫你解決了突然遇到的困難，應該立即表達自己的謝意。表達感謝的語氣最好要重些，要是說「真得好謝謝你，你幫我解決了很棘手的難題」，或者是「今天多虧你幫忙，不然我可真沒辦法了」，會讓對方感到一絲暖意。這種方式口頭致謝可以在任何時間、地點、場合使用，最直接最有效。其他方式則是在此基礎上的附加等。

　　成熟男士對婦孺富有責任感的照料，以及婦孺對幫助者表達的謝意，都不只是禮節上的客套，或者說這種禮節的含金量很高，因為這要求雙方發自內心的表達出自己的真誠。

值得注意的是，雙方在交流時，應該微笑著目視對方，在建立幫助的初期，還可以和對方握握手，讓對方感受到必要的安全感，只有這樣，對方才能真切地體會你所提供的幫助和感謝的價值和意義。這種做法不僅能夠提高做人的標準和品味，還能夠增強人與人之間的了解和溝通，繼而助長樂於助人的良好社會風氣。

了解酒吧禮儀

隨著都市夜生活的豐富多彩，在酒吧談生意並休閒，已經逐漸成為很多人樂於接受的運作方式。在如今，如果還把酒吧看成肆意揮霍和無理取鬧的場所，似乎就有些不入流了。目前，出入酒吧算得上是高品味的消費，繁忙的工作之餘，到酒吧裡聽歌跳舞，是一種對生活極好的放鬆。但是，如果不了解關於酒吧的一般性禮儀，就會弄出很多笑話，甚至傷害了朋友之間的友誼，或者釀造事端，實屬不智之舉。和其他禮儀一樣，酒吧禮儀也隨著時代的發展不斷更新，當前，值得我們注意有如下幾點：

➤ 在酒吧只能進行小宴會，因為它只能提供飲料、小吃和糕點，正式的宴會應該放在酒樓、飯店，在酒吧最終的目的是娛樂。

➤ 在酒吧裡向歌手點歌，應該叫服務生，讓他轉告你的意見。此外，給歌手小費，也不可過於直截了當，當眾把錢塞給歌手或者是扔到臺上都是不禮貌的，最好把錢夾在紙裡，藏在一束鮮花中送到歌手面前。

➤ 酒吧一般都設有卡拉 OK 演唱裝置，任何人都可以演唱自己喜歡的曲目，當別人唱完之後，應該報以掌聲。如果自己去唱，應通知服務人員，不要肆無忌憚地胡亂吼叫。

➤ 由於酒吧的氛圍似乎有些曖昧，置身其中，尤其應該注意舉止端莊大方，與異性交往保持必要的禮節，言語彬彬有禮。跳舞時，以請同來的女伴為宜，酒吧舞池不同於舞會，不是以社交為目的，因此，最好不要請陌生人共舞。

➤ 仿西式酒吧的櫃檯前都設有不帶背的單腿皮凳，提供給顧客在其上喝酒，這種方便的設施是為沒有時間久留的人準備的。想久坐的人在上面喝酒說笑，影響服務生的工作，是相當不紳士的。至於酒後無德、無賴胡鬧，就更令人瞧不起了。

城市的夜生活很能展現出其整體的發展水準，因為從某種程度上講，這時的人們往往變得非常真實。因此，禮節在酒吧中就有了更多的社會意義，值得引起人們的關注。酒吧

不歡迎沉默的顧客,這裡聚集的都是侃侃而談的人,談話中止或者片刻的停頓,都會讓他們感到痛苦。如果你長久地不作聲,他們就會問你是不是身體不舒適,要不要他們幫忙。如果發現你是一個健康的人,他們就會主動地疏遠你,因為沉默在這裡往往被看作不禮貌,你想跟其他人保持距離,這經常被理解為不夠真誠。

一個人在酒吧的表現極易展示個人的真實個性,越是這樣,與大眾快樂不合拍的東西就會越多。其實,任何禮儀的出發點都是對他人的尊重,在酒吧放肆的表現只會顯出一個人低劣的素養,要知道,快樂的極致並不是發洩,而是身心的自由張揚,因此,必須在酒吧展現出良好的風度,打出你自己的「禮儀牌」,會令人刮目相看。還要注意的是,酒吧不是思考的家園,而是交流的樂園,日常生活中的不快最好不要在酒吧中過分表露,目前,一些人在酒吧裡很多不禮貌的舉動,與真正時尚的生活相去甚遠。

三個和尚有水喝

合作是生活中最大的禮貌之一,而且,可以為個人努力帶來成倍的價值。拒絕合作的直接結果就是互相推諉,其重要表現形式是拆臺,這都是與現代禮儀背道而馳的。有兩句

俗語可以為此佐證：「一個和尚挑水喝，兩個和尚抬水喝，三個和尚沒水喝」、「三個臭皮匠，勝過一個諸葛亮」，前者是你看看我，我看看你，無休止地磨洋工，以至於誰也沒得到好果子，後者是科學的合作。其實，企業的困境、社會風氣的不古、年輕心態的頹廢，在某種程度上講，都是「挑水」抑或「抬水」心態的現實反映。

人和人之間是有差異的。把一匙酒倒進一桶汙水裡，得到的是一桶汙水；把一匙汙水倒進一桶酒裡，得到的還是一桶汙水，合作對象構成了問題。如果那只是一匙汙水，對你的影響就是負面的，可是，人們往往都不願與比自己強的人交朋友，一方面擔心人家瞧不起自己，另一方面怕人說自己攀高枝，於是，合作機會就都放棄了。殊不知，與那些豁達樂觀、執著進取的人交朋友，本身就是進步的契機。一味地在庸庸碌碌的群體中自娛自樂，逐漸就會被惡劣的做法、消極的思想、卑微的品格同化。

隨波逐流絕沒有什麼好結果，裝梨的籃子裡若有一顆爛梨，滿籃子的梨都會爛掉。《聖經》就這樣告誡人們，「與充滿智慧的人往來，一定能獲得益處；與愚昧的人作伴，必將受到連累。」上班族一定要有全面意識，與同事愉快的合作將極大程度地提高工作效率，也能省去很多煩惱。而且，與其無所作為，還不如風風火火地找一個「挑水」的職業，那

裡面充滿著濃綠的生機，現代管理經驗告訴我們，同事之間的相互出賣是成功的大敵，即使這種出賣是無意識的，也是最最不禮貌的作為。

如果把職場比喻成為一片汪洋，每個在海中奮進的泳者，除了鍛鍊自己的泳技實力，也要顧慮海水起伏的潮汐，行有餘力，還可以禮貌地幫助同事。想要救人，得先學會自救。在職場上有過被出賣經驗的人，沒有不為自己捏把冷汗的。因此，時刻要留意別人的趁虛而入，以下幾點需要特別注意：

➤ 你常不自覺地對同鄉、同姓、同校畢業、同血型星座或同樣成長歷程的人特別有好感，這可能會讓你產生偏執而無意間附和對方，而反遭利用。

➤ 對於很多決策猶豫不決，遇到事情缺乏面對的魄力，這種個性想不被利用也難。

➤ 樂於做好好先生，替人做事還向人道謝，注定要被人出賣。

➤ 總覺得自己的朋友很多，有事時卻找不到人幫忙，交友廣闊卻欠缺互動，被人利用的機會較多。

➤ 急公好義卻是非不明，常忽略潛在的危機，要避免盲目的熱情。

合作的結果是人人受益，可是，這個實現過程卻特別難。拆臺與傳統的「禮」相悖，也與當代社會的發展脈絡不相協調，對自己也有好處。但是，任何合作都是有條件的，「害人之心不可有，防人之心不可無。」這個分寸的拿捏非常重要。

亮出你自己

涉世之初，尤其要考慮自我培養，真誠地展示自己。人的內在氣質是最寶貴的，真正懂得與他人相處的人，絕不會因場合或對象的變化而放棄內在特質。保持本色不做作是健康獨特的個性，盲目地迎合別人，只會使自己的魅力貶值。但是，不懂裝懂會遭人反感，在長輩、知識淵博的人面前班門弄斧，是貽笑大方的失禮行為。因此，不恥下問是最高明的。此外，不要掩飾自己的缺陷。身體矮小的男士，如果穿上超出常規的高跟鞋「墊一墊」，會讓人覺得比身體矮小還滑稽。皮膚黝黑的女士，如果塗上一層厚厚的白粉掩飾，會讓人產生粗俗不堪的感覺。

忘掉自己的缺陷，看到自己的長處，培養多方面的興趣和愛好，把精力集中在更有意義的工作中，是最好的改變之道。涉世之初，不要否認自己的過錯，不認帳甚至為自己

爭辯，常致使矛盾得不到解決，「人非聖賢，孰能無過？」錯了就要承認。而舉止一定要真誠，應該坦蕩如水地注視對方，不用躲躲閃閃或目光垂下不敢直視。在日常交往中，要自然大方，從容不迫。同時，真誠的微笑是不可或缺的，因為微笑如同一縷溫馨陽光，皮笑肉不笑或故意擠出的笑，都讓人感到不夠尊重。稱讚應該是心靈之語，奉承的起點就有問題，特別值得注意的是，握手是否顯得真誠在於握手的輕重。握得太重，是表示熱忱或有所求。握得太輕，會顯得有些輕視對方，或者自己是有嚴重的自卑。因此，要大方地把右手伸出去，手掌和手指全面地接觸對方的手。

對於涉世之初的人們來說，最難以完成的就是調適對立面，由於互相無法滿足物質或精神的需求而形成疏隔、排斥的心理狀態使他們頭疼。其實，善於總結，也會找到解決的辦法。生活中對立的人際關係主要有以下兩種：

> **上下對立**：這是一種縱向的對立，一般表現為被領導者與領導者、子女與家長之間在心理上的對立。原因在於領導未能滿足被領導者的需求，導致不滿情緒，形成心理隔閡。

> **平行對立**：橫向的對立主要指同事、同學或兄弟姐妹之間心理上的對立，有同質對立和異質對立兩種情況。同質對立指在學歷、能力、經歷、目標傾向諸方面大體相

似的人之間互相輕視、妒能、競爭、猜疑。異質對立指在學歷、能力、經歷、目標傾向諸方面相去甚遠的人之間的心理上的對立。由於雙方缺乏溝通了解，往往以先入為主的成見相看，或是盲目的自尊或自卑意識導致的。

調適對立的人際關係，將對立轉化成為一致，是日常生活中不容忽視的問題。主要的辦法是加強溝通，增進相互了解。溝通是相互了解的前提，要主動與對方溝通資訊，交流思想。要培養豁達、寬容、大度的個性，克服認知中的偏見，學會全面、具體地看待人。儘管造成對立的原因是複雜的，但是，只要能設身處地為他人著想，並選擇調適關係的突破口，一定能建立起和諧親密的人際關係，心情舒暢地工作、學習和生活。這也是涉世之初的人最樂於面對的。

拒絕要比猶豫更禮貌

種種事實已經證明了，猶豫是成功的天敵，而拒絕往往因為乾脆而收到了意想不到的效果。但是，直截了當地回絕，說出真實原因，反而讓人為難。不妨找點兒合理的藉口，讓對方覺得自己的要求太欠情理，從而自願放棄。直白的拒絕有可能斷絕交情，甚至埋了仇恨的禍根，避免這種事情發生，唯一的方法是要運用聰明的智慧。為了拒絕別人，

也不妨含糊其詞地推託：「對不起，這件事我實在不能決定，我必須去問問父母」，或者是「讓我和孩子商量商量，決定了再答覆你吧。」

很多事例可以提供借鑒。一家保險公司的業務到一位編輯的辦公室來兜售生意，整整談了一個上午，這位編輯始終用一個「不」字來拒絕，結果那位業務只好怏怏退出了。幾天之後，這位編輯的同事跑來告訴他，一個胖胖的青年人在外面口口聲聲地在破壞他的名聲。這位編輯非常驚奇，因為在工作中或工作以外他並沒有仇人。正當他納悶的時候，同事說那個青年人的下巴上有顆痣，他這才恍然大悟，原來是那天被他拒絕合作的那位保險公司業務。要提起胸膛拒絕對方，態度也不能過於強硬，說話和氣委婉，即使表達同一件事情，也讓人覺得結果不同。

一味地扳著臉孔，甚至冷言冷語，勢必引起對方的反感。在這個意義上講，溫柔也是一種武器，當對方因為你的溫柔而感到滿意時，就要讓溫柔且堅決的方式來拒絕他。不傷害朋友的感情，又可以使對方體諒你的難處，是猶豫的表徵。有人可能認為這是處世的好方法，其實，這種敷衍的結果卻並不太妙。對方還會再三來纏擾你，當他終於發覺這是你的拒絕，以前的話全是敷衍、騙人的推託之詞時，不但會使他怨恨你，而且也暴露了你致命的弱點 —— 懦弱和虛偽。

　　美國一家貿易公司經理設計了一個商標，徵求各部門的意見。「商標的主題是旭日，象徵希望和光明。旭日像日本的國旗，日本人看了一定會購買我們的產品。」營業主任和廣告主任都極力恭維經理構思的高明。代理出口部主任卻不同意，「我倒不喜歡這個商標，我恐怕它太好了。」經理感到不解。代理出口部主任慢條斯理地說：「我們在遠東還有一個重要市場，那就是華人社會，中國、香港以及東南亞等國家和地區的人們看這個商標，也會想到日本的國旗。」經理立即接受了這個觀點，一句禮貌的「我恐怕它太好了」，滿足了經理的自尊心，再陳述充分的理由，實在是非常高明。

　　向權威人士表示反對意見或拒絕，必須要有充分的理由，要說得使他完全佩服。上述的故事告訴我們，在日常交往中找竅門，會達到事半功倍的效果。設置拒絕的底線，做出禮貌的計畫，都會為交往鋪設潤滑劑。若能凡事多為他人著想，多給別人留餘地、多展露包容、多給一些方便，少給一份拒絕、少做一點難堪事，必能贏得別人的愛護。但是，原則是個分水嶺，違背良心、違背原則的事不能做，因為那大都是危險的。不是不符合自己愛好，就是違背價值觀念；不是陷入關係網，就是有損人格、助長虛榮、違法犯罪⋯⋯

第三章

交談：與強者為伍

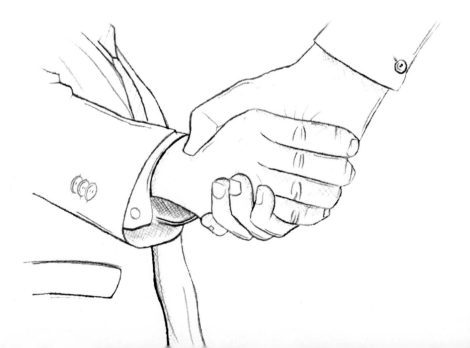

交談的最佳距離和角度

　　由於親疏遠近的不同，人與人之間的交談會產生不同的結果，其中的距離和角度也很講究。西歐很多著名的傳播學家都認為，兩個人交談的最佳距離為一公尺，只有義大利人經常保持 0.3 到 0.4 公尺。從衛生角度考慮，交談最佳距離應為 1.3 公尺，這樣，就不至於因交談而感染飛沫傳染的疾病，保證健康。科學實驗證明：說話時可產生 170 左右個飛沫，飄揚 1 ～ 1.2 公尺遠，咳嗽時排出 460 左右個飛沫；打噴嚏時噴出的飛沫最多達 1 萬個以上，最遠可噴出 9 公尺。微小的飛沫從口腔排出後，一部分射落於地，其他的懸浮於空氣中，傳播疾病。

　　從保證健康出發，兩個人交談的最佳距離為 1.3 公尺；而且要考慮一定角度，最好不要面對面，形成 30 度角為最佳，這樣既不會給對方造成疏遠之感，同時也講究衛生。如果最近身體不好，經常咳嗽，要用手帕遮住口鼻，千萬不要隨地吐痰。生活中的距離還與語言的內容有關，不熟識的人談話不要過於個性化，最好結合一點文化氣息。作家余秋雨曾談到這樣一段經歷：「臺北一位優秀的中年企業家請我吃飯，他同時還邀請來幾位著名的學者政要，沒想到宴席間行雲流水般的話題終於拐到了讀書上，企業家神情一振談起讀

《世界的征服者》一書的體會，在妙論迭出、精彩備至之間再也不願離開這個港灣。在場的每一位客人都有很好的文化感覺，僅僅是幾句詢問和附和，大家的心就在很高的層面上連成了一體。」

因此，余秋雨感嘆：「這座城市在杯盤夜色間居然能如此高雅，我從此對臺灣企業家刮目相看。」一次充滿了文化氣息的聚會，令人餘味無窮。如果在宴會上說「感情深，一口悶；感情鐵，胃出血」，那又會是一番怎樣的景象呢？文雅、有品味的聚會總會產生難忘的效果，因為文化融合在我們的生活之中且為我們所喜聞樂見，啟動生活中的文化，沉澱或濃厚交際中的文化氣息，會讓交際得到雙倍的報償。

傾聽是一門學問，女性中絕大多數都是最佳聆聽者，她們較善解人意，理解和體貼談話者的處境和苦楚，男性可以在她們面前暢所欲言。異性之間的傾吐效果明顯，美國心理學家曾對 1,000 名志願接受研究者調查研究，結果發現所有的人都可以從與異性朋友的互吐衷腸中，解除內心憂鬱。因此，很多事情最好不要在同性之間交流，與同性之間需要保持距離的事情，在異性之間可能完全能夠展開；反之，在異性之間要考慮角度的問題，在同性之間並不需要太多的禁忌。

過猶不及。凡事都要講求一個分寸，超過了這個範圍，和缺欠所產生的效果大致相同。在日常生活中，我們很可能

遇到滿嘴汙穢、衣衫不整、相貌猥瑣的人湊到身邊，貌似熱情的交談，讓人感到厭惡。其實，它也為我們的行為提供了一個參照，距離和角度非常重要。

禮貌語拾遺

許多國家的公民經常使用禮貌用語，甚至形成了一種習慣，給人的感覺是嘴很甜。他們從不吝嗇說好聽話，也樂於接受別人的讚美，雙方都感到心舒意暢。因此，在這些國家，「請」、「謝謝」、「對不起」之類的語言不絕於耳。這種情況在商業場合尤其突出，當顧客進門時，售貨員會堆著笑容地迎上來，問一聲「我可以幫助你嗎？」當顧客付款時，他們會微笑著道謝，並且用溫和的目光送你離去。這種禮貌在一家人之間也不例外，父母對孩子也常說「請」和「謝謝」，身教勝於言傳，孩子便自然地養成了禮貌的好習慣。

在日常生活中，難免產生摩擦，一聲「對不起」往往使得芥蒂煙消雲散。一旦要向別人問路或者是在劇場中從別人座位前走過，甚至在公共場所打嗝或與別人交談時打噴嚏、咳嗽時，講究禮節的人都會連聲表示歉意，請對方原諒。不同的場合要使用不同的禮貌用語：初次見面應說「幸會」；看望

別人應說「拜訪」；等候別人應說「恭候」；請人勿送應用「留步」；對方來信應稱「惠書」；麻煩別人應說「打擾」；請人幫忙應說「煩請」；求給方便應說「借光」；托人辦事應說「拜託」；請人指教應說「請教」；他人指點應稱「賜教」；請人解答應用「請問」；讚人見解應用「高見」；歸還原物應說「奉還」；求人原諒應說「包涵」；歡迎顧客應叫「光顧」；老人年齡應叫「高壽」；好久不見應說「久違」；客人來到應用「光臨」；中途先走應說「失陪」；與人分別應說「告辭」；贈送作品應用「雅正」……

　　禮貌的言詞常讓人感到舒適，因為尊重永遠是雙方的，因此禮貌令人難以拒絕。禮貌用語是交際中的「軟著陸」，隔閡會因禮貌的舉動而消除，友誼會因為禮貌而加深。一個人只有從外表到本質都是文雅有禮，才能成為受人尊敬的人，在人際交往的過程中，只有形成尊重與被尊重的默契與和諧，才可能讓交際順利進行和持續發展，因為禮貌是一切人際交往的基礎，也是讓交際更具品味的基本要求，更是一封四方通用的自薦書。而禮貌不是一朝一夕就能形成的，平時不注意養成有禮貌的好習慣，臨時表演會弄巧成拙。

內向者如何走進人群

　　性格內向的人喜歡獨處，因此，對禮儀和必要的社交技巧並不在意。長此以往，難以走進交際場合，而不善交際使得他們遭到誤會，從而在內心充滿矛盾和煩惱，感到迷惘和失望，甚至到心理診所治療。其實，內向性格的形成和青春期發展的環境有關，活動能力的增強與知識、經驗的不足經常「碰壁」的矛盾；強烈的人格獨立要求與現實依賴的矛盾；性的生理需求與社會道德準則的矛盾；強烈的物質、精神需求與現實可能性之間的矛盾等等都可能導致情緒反常，感到迷惘、困惑、失望……

　　要擺脫這種反常情緒，建立融洽的人際關係，就必須注重「參與」。透過與人的接觸、交談、合作，增長見識、累積經驗、增強才幹，忘卻生活中的煩惱壓力。人際交往中的技巧也很重要，一個人要想走進人群，首先需要有自知之明。自我評價與社會評價差距大的人，很難正確地尊重社會需求和集體意志，容易使自己陷入困境。因此，應當經常正視自己的長處和短處，自覺地調整好與社會的融合，「己所不欲，勿施於人」，「己之所欲，勿損於人」，「將心比心」地替別人想想，往往成就了自己，也減少了誤會和不愉快。

　　此外，在日常交往中，只有尊重和信任他人，才能成為

受歡迎的人。驕傲自大，目中無人，或對人疑心重重，無法與人相處。而這些無疑都是失禮的表徵，良好的交往心態要求人們，不為別人的讚揚而過分歡喜，也不為別人的貶低而焦躁不安，「有則改之，無則加勉」，內向者走進人群，還需要擁有一顆平常心，要學會聆聽別人的心語。而善於傾聽也是一種高雅的素養，由於表現了必要的尊重，人們也會把你視作可以信賴的知己。高品質的聆聽要耳到、眼到、心到，並輔以其他表情，具體的技巧有如下幾種：

➤ 保持與說話者的目光接觸，不要東張西望；

➤ 傾聽的範圍應該縮小，最好是單獨聽對方談，身子稍稍前傾；

➤ 傾聽時面部保持自然的微笑，表情隨對方談話內容作變化，恰如其分地頻頻點頭；

➤ 不要在中途打斷對方，等他把話說完，再發表自己的意見和看法；

➤ 適時而恰當地提出問題，配合對方的語氣表明態度；

➤ 不離開對方所講的話題，可透過巧妙的應答，把對方的內容引向所需的方向和層次，一旦你修練到上述的程度，自然走出了自己的「內向小屋」，擁抱更廣闊的人群了。

　　掌握了必要的禮節，從內向到外向，並不是什麼難事。人與人之間的交流空間很大，之所以會產生自我封閉，完全在於對外界產生的不安全感和不確定感所至。要走進更廣闊的人群，就要了解別人的所思所慮，做一朵自己以及他人的解語花，自然能夠走出心靈的荒漠。化尷尬為活躍，化被動為主動，會在瞬間完成。其實，這也是對人的情商的考察，無論是多麼客觀的商業時節，還是多麼緊張的生活節奏，善解人意、樂於助人、與人為善都是生活的潤滑劑，永遠「供不應求」。

電話交流學問多

　　隨著科技的日益進步，電話已經成了人們日常生活中最重要的通訊工具了，家裡、公司有固定電話，口袋裡有行動電話，生活被電話包圍著。電話發明的目的是與人與己方便，因此，選擇適當的通話時間很重要。要考慮的對方的工作性質、生活習慣，要是打到國外還要考慮時差的問題，免得打擾他人的休息。

　　萬萬不要以自己的時間表去安排別人，除非是十萬火急的事情，盡可能地避免在午餐、夜間去打擾人家。很多的企業都有早會，那段時間也不適合。就算和你通話，效果也必

然大打折扣。最禮貌的行為是事先詢問對方，什麼時間打電話比較合適，要站在對方的角度去考慮時機。打電話的時候，語速要比平時放慢一點，聲音要適中，而吐字要清晰，才可以讓對方聽明白你的意思。此外，打電話要注意禮貌，語氣自然平和，給人一團和氣的感覺。在工作時打電話，要問問對方聽電話時是不是方便，語言也應該盡量簡潔。

　　打電話要講究禮貌，要先問好，如果不是你要找的人接聽電話，應該以請幫忙的語氣要求對方找人，並且加以感謝。如果你找的人不在附近，應該告訴對方你是誰、聯繫方式，什麼時候再聯繫，也可以求對方幫忙轉告相關事情，最後還要向對方表示謝意，並禮貌地說「再見」。接電話雖說是被動方，同樣要講禮貌，拿起聽筒後，不要和周圍的人說話，否則，會讓對方感到不受重視。如果不是找自己的，而要找的人在附近，應該拿開聽筒，然後再去呼叫，要找的人如果不在附近，要耐心地記錄對方的情況和待轉達的事情。

　　在接聽別人的電話的時候，不要貿然地掛掉電話，如果真的有事情，可以婉轉的告訴對方，表示歉意，並表示什麼時間自己打過去。很多時候處理業務需要電話預約，冒冒失失跑過去不可取，要和人見面至少要提前兩天打個電話聯繫。如果是重要人物，就要再早點打電話，用簡易的方式，給對方多種選擇的時間，避免讓對方感覺到你是在強迫見

面。時間上也不要太模糊，盡量在對方感到方便的時候，見重要人物之前應該再打電話確認，以免對方有急事脫不開身。若突然有緊急的事情而可能遲到，要立即打電話通知對方，並盡量尋求對方的諒解。

打電話和接電話都要正確、迅速而謹慎，電話來時，聽到鈴響，在第二聲鈴響前取話筒。通話時先問候，並自報家門，要留心聽對方的講述，並記下要點。通話要簡明扼要，如果不是談情說愛或絮叨家長里短，就不要煲電話粥。對電話的事情不能處理時，一定要坦白告訴對方，並馬上將電話交給能夠處理的人。在轉交之前，先把內容簡明扼要告訴接收人，對於在辦公室工作的上班族來說，工作時間內，不得打私人電話。隨著時代的發展，電話作為通訊工具不斷更新，而交往禮儀大同小異。

掌握交談的分寸

善於交際的人，總是盡量把自己的長處呈現在大家面前，伶俐的口才、淵博的學識、溫文爾雅的舉止、巧妙的化妝、典雅的服裝等都成為經營自己的最佳手段。正相反，有人缺乏自信又好面子，怕遭拒絕不敢接近別人，只好一直默默無聞，使社交的品質大打折扣。其實，謹慎與拘束、自重

與自負、謙虛與畏縮往往是一念之差，換言之，關鍵在於分寸的掌握。對交際技巧的掌握程度應當考慮周全，虛張聲勢的高聲談笑、表情矯飾、動作誇張往往與預期的結果適得其反，而為了討好對方而亂送秋波，就是有失風雅的道德問題了。

交談一定要選準對象，與習性相近的人談話，才能找到更多的共鳴。不同的人具有不同的個性，愛好及處世方式，儘管這樣，由於生活環境、性格等的相近，還是可以找到有共同語言的人。在交談過程中，一定要掌握自身特長的分寸，如果特長比較突出，贏得他人的欣賞，就要著意內斂，如果表現得完美無缺，反而使人感到高不可攀，這時候，倒應該暴露一點缺點，使得大家更輕鬆地靠近你。一般情況下，熱情大方比冷漠內向有吸引力，但是，第一次見面最好別信口開河，因為這樣會給人不安全與不穩重感。

談吐自如又不過分誇張的語言方式如以下內容：

➤ **寒暄與問候**：其用意在於打破交往的僵局，縮短彼此的距離，為進一步交談做好鋪墊。寒暄應使用禮貌用語，「您好」、「很高興見到您」、「認識您非常榮幸」等會在對方心目中留下良好的第一印象。問候語要入鄉隨俗，牽涉到私生活、緊急等的寒暄問候，最好別說出來，一面產生不快；

➤ **稱讚與感謝**：其中最值得注意的問題是，話說得一定要

自然，千萬不要「一視同仁，千篇一律」。此外，要讓對方感到你的真情實意，表情要認真、誠懇、大方；

➤ **祝賀與慰問**：祝賀的方式有很多種，口頭祝賀、電話祝賀、書信祝賀、傳真祝賀、賀卡祝賀、點播祝賀、贈禮祝賀、設宴祝賀……祝賀和慰問的關鍵是關心、體貼與疏導，切不可暗藏嫉妒抑或火上澆油；

➤ **爭執與論辯**：在必要的爭辯與辯論中，尤其要注意「禮讓三分」，千萬不要得理不讓人；

➤ **規勸與批評**：一定要掌握火候，凡事一分為二地對待，要以鼓勵為主；

➤ **拒絕與道歉**：沉默拒絕、迴避拒絕、直接拒絕、婉言拒絕要適時使用，一定要做到冰釋前嫌，以免遭惹更多的麻煩。

「忍一時海闊天空，退一步風平浪靜。」道歉無疑要及時誠懇，而且，不應該把道歉當作尷尬、恥辱一類的事情。因此，應當大大方方地說「對不起」，不要「欲語還休，卻道天涼好個秋。」道歉可以借物而取巧，寫上一封誠懇的道歉信，或是送上一束鮮豔的玫瑰花等，都可能取得良好的效果。當然，道歉不是萬能的，重要的在於日後要有明顯的改進，言行不一的道歉沒有任何品質可言，必然讓對方感到缺乏誠意，而此後的一切交往都會是走過場了。

餐桌上的交流

　　用餐都在工作之餘進行，對於繁忙了很長時間的職員來說，這也是大家比較看重的休閒時光。不同國家的工作餐有著不同的吃法，有兩次國家元首級的用餐可以為此佐證，在二戰期間，一位中國使節按照在國內進西餐的習慣，用餐巾去揩拭刀叉，令德國人感到極為反感，因為這表明刀叉不乾淨；李鴻章出使德國時的笑話就更突出了，由於不懂西餐禮儀，他把一碗吃水果後洗手用的水端起來喝了。當時的德國首相俾斯麥為不使李鴻章出醜，也將洗手水一飲而盡，其他文武百官只得忍笑奉陪。

　　在用餐的時候，餐巾應鋪在膝上，如果餐巾較大，應雙疊放在腿上；如果較小，可以全部打開。餐巾可以圍在頸上或繫在胸前，但是，這樣顯得不大方。不要用餐巾揩拭餐具，用餐時身體要坐正，不要把兩臂橫放在桌上，以免碰撞旁邊的客人。不要用叉子去叉麵包，取奶油應用奶油刀，奶油取出後，要放在旁邊的小碟裡，吃一塊塗一塊。吃沙拉時只能用叉子，吃魚時注意，經口的肉骨或魚刺，不要直接吐入盤中，要用叉接住後，輕輕放入盤中。喝水時，應把食物先咽下去，不要用水沖嘴裡的食物。

　　此外，用餐時不要端碗碟，喝茶或咖啡不要把湯匙放進

杯子。喝湯時不要發出響聲，咀嚼時應該閉嘴，千萬別在餐桌前擤鼻涕或打嗝，一旦不慎打噴嚏或咳嗽，應向周圍的人說對不起。在飯桌上最好不要剔牙，如果非剔不可，就要用餐巾將嘴遮住，一言不發的用餐是不禮貌的，應該和周圍有所交談。用刀叉取的食物不要用手拿，取菜時，最好每樣都取一點，主動要求添菜是非常不禮貌的。用餐時，不能越過他人面前取食物，應該在別人背後傳遞。當用餐結束，才能離席，中途退場是失禮之舉。

餐巾放在桌上，不要照原來的樣子折好，那樣意味著主人請你留下來吃第二頓飯。用餐的全過程應該充滿愉快和和諧，客人要彬彬有禮，主人要熱情誠懇。用餐開始之後，主人就要使氣氛始終活潑而風趣，如果中途出現不快，主人應巧妙地設法轉移話題。用餐時，主人吃飯速度不可太快，當一部分人還沒有吃完時，主人一定要放慢速度，以免使客人感到不安。在席間，如果客人將刀叉掉在了地上，應該立即禮貌地為對方換一副。客人不慎打碎盤碗，主人更應鎮靜地收拾，並說「歲歲平安」。

如果是家宴，主人絕不能在客人面前計算請客所花費的費用，如果在飯店，主人不要當眾算飯菜的價錢，應該找個空檔，自然地去櫃檯交款。在別人請客的時候，切忌不能夠喧賓奪主，坐在那裡海闊天空地閒聊惹人厭煩。而且，應約

一定要守時，不要以為去早了就一定禮貌，主婦尚未準備好，又要出來接待你，往往會造成許多不便。所以，一旦沒有掌握好時間，最好在外面等幾分鐘再進去。如果貿然前往，正巧對方宴請，一定不要自覺湊熱鬧，除非主人再三地邀請，也要以對方為主，飯後儘早離開。

沙龍不是兒戲

　　沙龍本來是法語中「客廳」或「會客室」的音譯，法國大革命前後，法國人對政治、音樂、哲學、文學、經濟以及社會問題異常關注，經常在客廳研究問題，這種私人之間的客廳聚會，逐漸成為社會時尚，在商界和文藝界非常流行。沙龍的形式自然、內容靈活、品味高雅，參與者感到既正規又輕鬆愉快，沙龍的形式五花八門：綜合沙龍、交際沙龍、聯誼沙龍、學術沙龍、文藝沙龍、休閒沙龍……其中，以交際沙龍和休閒沙龍最為普遍，產生的社會影響也最大。

　　交際沙龍主要指的是座談會、校友會、老鄉會、聚餐會、慶祝會、聯歡會、生日派隊、家庭晚會、節日舞會等，沙龍的時間、地點、形式應該事先定好，對環境最起碼的要求是面積大、通風好、溫溼度適中、照明好、無噪音。參加者不要把自己的孩子帶到沙龍去「見世面」，那樣會事與願

違，哭哭啼啼、打打鬧鬧、東碰西碰是很礙事的，參加沙龍之前，應該對自身的儀表、容貌做必要的雕琢和修飾，在沙龍中必須照顧婦女以及長者等，切忌口無遮攔，說「小妞」、「老頭子」、「老太太」等令人不快的話。

參加有專題意義的交際沙龍，應該始終圍繞議題展開，自覺地向他人學習請教。在談話時不要唯我獨尊，爭強好勝，殊不知，人生有很多時候都是「功夫在詩外」，或者說是「有心栽花花不發，無心栽柳柳成蔭。」命運往往在交際沙龍中不覺改變了。休閒沙龍是相對於交際沙龍而言的，其實，其中也有交際的含量，只是休閒的成分更大一些而已。休閒沙龍以玩為主，講究自然、隨意、生動，要求參與者「輕裝上陣」，打橋牌、打網球、打高爾夫球、下象棋、舉辦小型音樂會……一身休閒裝，玩出高雅，玩出品味。

休閒沙龍中最忌諱違反國家法律，「黃、賭、毒」極易降低其品味，而有此嗜好的人往往在此時拉人下水。比如說在未經別人同意的情況下，就趁人不備，悄悄地將搖頭丸、迷汗藥等放進對方的飲料裡。甚至無視禮儀廉恥，做出齷齪的勾當，在休閒沙龍中「談正事」要掌握火候，因為大家都玩在興頭上，不經意地打斷也可能令人不快，結果適得其反。因為「不懂得休息的人，也不懂得工作」，不要將「休閒」和「交際」兩者本末倒置，這樣，才能在沙龍中遊刃有餘，於休

閒中工作，與工作中享受。

　　參加沙龍也要儀表整潔，達到地點不宜過早過遲，如果遲到，要進行解釋道歉，不得中途離開，如果確有急事，要向其他人說明原因，表示歉意，當別人在交際沙龍中說了錯話或做了不自然的動作時，一定會感到很尷尬，生怕人們嘲笑蔑視自己。這時，千萬別看著他的臉，或馬上轉移視線。否則，對方會認為你在用目光諷刺嘲笑自己，一般來說，雙方在交談中，應注視對方的眼睛或臉部，以示尊重。沒有話題時，不要總是盯著對方的臉，那樣，會產生冷漠、躊躇不安的感覺，勢必使對方顯得更尷尬。

在歌廳舞池裡

　　舞會營造了最普遍的社交氛圍，能促進人際交往和增進友誼，舞會的禮儀不可忽視。舞會大致可以分為私人舞會、正餐舞會、晚餐舞會、募捐舞會等幾種。私人舞會可以在家中或旅館以及俱樂部租場地舉行，時間和地點確定後，就要考慮聯繫樂隊了，並確定客人名單，同時發送請柬。舞會的請柬通常以女主人的名義發出，邀請男賓應多於女賓，以免女賓無人伴舞而顯得尷尬。因此，男賓可以請求帶男伴，不能要求帶另一女伴。女主人在舞會上要安排花商當場把鮮花

送給每位客人。

　　正餐舞會通常都在傍晚舉行，參加者最遲應於舞會開始後半小時之內到達，一般按姓名卡就座。客人基本到齊就座後開始跳舞，在一個小時之後開飯，晚餐上得都很慢。男士應邀請坐在自己左側的女士跳舞，然後再邀其她女士，初涉舞會的女士通常由父親首先向她邀舞。餐後上各種飲料，咖啡一般放在桌子上，其他飲料則隨時叫服務生端送。參加者可以持續到午夜時分，那時，侍者還可能提供少量的三明治或蛋糕。正餐舞會如果在家裡舉行，晚餐可以搞成自助餐，參加者在桌旁自由選擇談話的伴侶。

　　晚餐舞會開始和結束都比正餐舞會晚得多，大致時間在晚上 10 ～ 11 點開始，到次日凌晨結束。晚餐舞會上只在午夜 12 點或翌晨 1 點吃點簡單的食物，因為此前參加者都已用過餐，舞會沒有固定的座位，只在舞廳和隔壁房間設置足夠多的椅子，供參加者休息。晚餐舞會允許參加者遲到一個小時，而且可以隨時地離開，傳統舞會上的最後一遍華爾滋跳過就可自行安排。與以上不同的是，募捐舞會是靠組織舞會來賺錢的商業性活動，許多慈善組織和基金會都靠舉行一年一度的募捐舞會來增加收入。

　　當然，募捐舞會的收入用來救濟貧民或幫助外國移民或辦慈善事業，特別是具有宗教情懷的人都對這類募捐舞會很

熱心，樂於慷慨解囊。無論是在哪種舞會上，舞場上的女士都不能主動邀請男士伴舞，無論多麼想與對方進入舞池，也需得到對方的召喚。男士邀請已婚女士跳舞，應該首先得到其丈夫的許可，在跳舞進行中，允許插人換舞伴。如果該女士不願繼續跳舞，可以找一個藉口推辭，男士不可勉強。舞會如果在家裡舉行，男士應主動邀請女主人或主人的女兒跳舞，用以表示敬意。

舞會結束，當女士提出要回家時，男士應允諾並略略送行。男士如有急事必須離開，一定要向女士說明理由，並請求對方的原諒。在舞會上可以採取不辭而別的離開方式，以免驚動東道主。如果正巧主人在附近，就得表示感謝再告別，如果在參加舞會後的一週內，給舞伴和主辦者打電話表示謝意，似乎也就禮數周全了。這不是虛偽，而是一種社交藝術。否則，對方一定感到你不紳士，你的品味也自然大打折扣了。所以，舞會看似簡單，實際的學問必須經過身體力行才能駕輕就熟。

增強談話的 EQ 指數

　　每個人的一生都會在日復一日的談話中度過，除非是啞巴，長時間不說話的人非常少。但是，不是每個人都能把話說好，這對人的 EQ 指數提出了要求。生活中的事實是，即使人長得不漂亮，如果很會說話，也會受到大家的歡迎。會說話並不是滔滔不絕或過於坦率，情商較高的人會把話說的乾脆俐落，令人回味無窮。因此，談話是一門藝術，可以化腐朽為神奇。有一個簡單的例子可以說明這個問題，有人問一位明星，「你讀過《羊的門》嗎？」她很模糊地回答說：「最近沒讀。」實際上她根本沒有讀過這本書，但是，言語間遮掩了很多。還有個人問她：「你讀過《奧賽羅》嗎？」她說：「我沒讀過英文版的。」不僅遮掩了尷尬，還令人大生敬意，因為感覺她的文學造詣很高。

　　量子力學中最有名的定律是測不準原理，連愛因斯坦也難以說懂，這可以給我們帶來很多啟示。「測不準」可以使原本尷尬的問題「軟著陸」，不僅能夠從困境中走出來，還可以因此為對方提出挑戰。當你和別人在飯間爭論問題時，要想阻止無聊的爭論，最好的辦法是，先往嘴裡放上一塊肉，若有所思在嚼，突然呼吸急促，兩手亂抓喉嚨，然後跳著趴在椅背上，一番折騰之後，再對驚恐的辯友們說「沒事了」，這

自然會令對方把剛才的爭論忘到九霄雲外，可謂說話藝術之「絕技」，不到萬不得已，最好不要使用。

理智可以使得談話富有條理，而且，絲毫不違背禮儀的要求。理智可以令人避免談話角度的偏頗，否則，即使能躲過一頭大象，卻躲不過一隻蒼蠅，在矛盾面前，失去了冷靜的頭腦，缺乏理智的態度，一定會使原本很容易解決的小問題變成了極難辦的大麻煩，從而，陷入毫無準備的困境。艾森豪的母親曾告誡他：「能控制自己感情的人比能拿下一座城市的人更偉大。」這句話很有說服力，類似的名言還有很多，比如說哲學家蘇格拉底曾與人興致勃勃地高談闊論，就在這時，他的妻子突然闖進來大吵大鬧，並把一盆水潑在他的頭上，把他淋得像個落湯雞。大家都為這個場面驚呆了，誰知，蘇格拉底風趣幽默地說：「我早已料到，雷聲過後，必定是場傾盆大雨。」尷尬的場面以喜劇方式收場，並導入新的活躍場面，完全得益於理智的語言。「談笑間，檣櫓灰飛煙滅」似乎並不是一件難事。

保持理智的態度和風度，採用幽默婉轉而非針鋒相對的辦法，會得到滿意的結果。這看起來似乎只是性格問題，其實，這裡面包含著方法論。EQ 指數的不斷升高是一個人修養品味不斷提升的展現，談話的簡明而深刻能贏得他人的尊重和好感，也是文質彬彬的禮貌之舉。交際品味實際上是指文

化、情感、理智、精神等因素在交際中的含量，含量越大，品味也就越高。而品味的增高源於一個人對於文化的自覺吸收，並從主觀上達到認同，繼而在社交過程中展示自己的能力與才華。

提升精神的引力

　　把精神生活提到日常事物的枯燥單調之上，賦予平凡的生活意義，使其具備理念的投射、溫和的超越、趣味的昇華，是人際交往的重要功能之一，要想在社交領域找到突破點，必須創造精神上的愉悅體驗，增強相互間的引力。社會學家舒茨曾提出過一個觀點：「人們會接受任何一種變化，只要它創造了美感，至於它離開外在的藝術觀多遠是不重要的。美感是一種高尚的個人感覺，像依賴藝術家一樣依賴觀眾。」其實，這種「依賴」是一種「神交」，超越年齡、性別、地域、信仰等限制，達到生死相依、驚天泣人的地步。

　　「神交」令人不可思議又無限神往。實際上是靈犀相通、相互吸引和促進的互動。羅曼‧羅蘭 23 歲時在羅馬和 70 歲的梅森堡相識，並提供對方垂暮之年的最大滿足，雙方一樣向理想和更高的目標突進，蔑視低級庸俗的趣味，為個性自由而鬥爭時所表現出來的勇敢精神具有永恆的價值。因此，

梅森堡感激生活賦予她兩年來的最高水準的精神交流，透過這樣不斷的激勵，而獲得的「思想的青春和對一切美好事物的強烈興趣」。從中文完全可以看到，社會交往的境界會有多大的差異，交流其實值得人們全身心地追慕和投入。

要提升自身的精神引力，必須獲得對方的尊重，糾正錯誤時，不要給別人現成的託辭，提出合理要求時，也不要表示歉意，如果做錯了事情，切忌把責任推給別人。長此以往，自然會形成驚人的精神魅力，在社會交往早期，為了避免出現溝通方式上的不良習慣，應該著意如下幾個問題：

> 直截了當地說清楚吩咐和期望；
> 凡事應考慮透澈，且要陳述得合情合理；
> 碰到問題不要拖應立刻解決；
> 謹慎應付棘手的問題；
> 在非常時期不可憤怒；
> 不要反覆地利用眼睛、停頓和手勢加強效果；
> 虛假恫嚇是不足取的。

此外，還要避免愚蠢的偏見，為此，不妨親自觀察之後再做結論，盡量避免感情用事，如果真的產生偏見，就要盡快知道其帶來後果的嚴重程度，如果一個人堅持 2 ＋ 2 ＝ 5，抑或是冰島在赤道上，不要跟他做無謂的爭論。現代交際環境為人們設置了基本的「圈子」，應該熟悉「圈子」外的觀

點，最簡單易行的辦法就是讀一讀各種報紙雜誌。對於想像力豐富的人來說，假想自己與持不同觀點的人爭論是提高素養的捷徑，因為這樣可以不受時空限制。在日常生活中，要多考慮反對者要說的話，一旦了解對方的合理之處，會變得更為靈活自信。

特別值得注意的是，一定要提防阿諛奉承的言詞，因為其中的誇張成分太大。此外，不要堅信自己性別的優越，男女雙方都有優缺點，忘乎所以的人往往走向自己樂於接受結果的反面。所以，生命應該不斷地得到提醒，而人也的確只是宇宙中一個小角落上的一顆小行星上的一段生命插曲，跟整個自然界比起來，似乎有點微不足道了。凡事也真是怪，一旦人意識到自身的價值和缺欠，境界倒因此得到不同程度的提升，在他人眼中的感覺也越來越好，殊不知，這都是禮儀的要求，也是精神引力帶來的福音啊！

到朋友家做客

到朋友家裡做客，是一種禮儀的展示過程。受邀者在收到邀請後，不必到處炫耀，特別是在第三者面前。在赴宴的時候，應該把握恰當的時機，與主人傾心交談。如果在飯後，主人需要休息的時候，提出一些問題，往往會引起對方

的反感。接受老人的邀請時，注意時間不要過晚過長，如果邀約並不是單向的，就應該與來客自然融合，選擇適當的談話時機和角度。交流方法應高雅有禮，高談闊論的時候，要避免影響鄰居休息，特別要注重其中的起坐禮儀，否則，交往會陷入庸俗的搬弄是非，使人產生反感，從而有損以禮待人以及以德會友的傳統。

如果你領陌生人前往，一定要事先徵得主人的許可，並在最短的時間內為雙方做介紹。當得到對方介紹的時候，主人一定要站起，而且要一次記住對方姓名，免得在談話時因稱呼而產生尷尬。當深入地了解對方的時候，兩個初次相識的人都要態度謙虛，不能自我吹捧。如果你擔負一定的主管職務，只要說出在某某部門工作就可以了，不要因張揚而招致對方反感。介紹兩個人認識時，有較為明確的順序區分：應把男士介紹給女士，年輕的介紹給年長的……

如果你一連介紹幾個朋友一起認識，就應把他們邀在一起，不要拉著一個人作點名式巡迴。如果在社交場合，想認識一個素不相識的名人，最好不要冒昧地做自我介紹。被介紹人應以禮貌的語言向對方問候、點頭或握手致意，這涉及到體態語的恰當表達，因為非語言交際是透過非語言信號傳遞的。一旦有重要事情，只能拒絕邀約，並向邀約者表示謝意，預祝宴會能夠圓滿成功。在人稱、語氣、措辭、稱呼、

道歉等方面，一定要多加潤色，這樣才不會令對方感到失禮。

不恰當地安排邀約與接受或拒絕邀約，都會使好事變成壞事，甚至埋下仇恨的種子。殊不知，日常交往中的體態語既有先天的，也有後天的；既有自覺的，也有不自覺的；既有詞性的，也有類推的；既有具確切含義的，也有示意模糊的；既有各國通用的，也有受不同文化約束的；既有表達自我感情的，也有來往交流的；既有不足信的，也有可信賴的。它可以肯定、加強、重複、反駁或代替語言，打斷談話，控制發言機會的分配，表露感情、狀態或健康狀況，還可以表達願望和意見，務必對此類多加研究，從而提升自己的行為。

日常處世「八戒」

日常生活中有很多事情需要注意，儘管這只是生活的細節，卻有可能改變未來命運。一般來說，大致有 8 种事情不宜在自己身上发生：

- ➤ 今日能做的事推到明天；
- ➤ 自己能做的事麻煩別人；
- ➤ 經常預支還未到手的錢；
- ➤ 貪圖便宜而購買自己不需要的東西；

➤ 無端牢騷、盲目驕傲、盛氣凌人；

➤ 對未發生的事情而庸人自擾；

➤ 凡事不講究方法；

➤ 氣惱時失去理智。

人生之所以失敗，往往與這 8 種行為中的一種或幾種有關，要改變自己的命運，必須以此為起點，開出人生的處方，達到自我的不斷超越。

其實，在日常工作生活中還有 8 種行為，同樣令人非常討厭：

➤ 經常向人訴說自己在經濟、健康、工作等方面的苦楚，對別人的問題卻從不感興趣；

➤ 嘮嘮叨叨地只談論雞毛小事，重複膚淺的話題及一無是處的見解；

➤ 為了保持某種姿態，而導致的態度過分嚴肅，甚至不苟言笑；

➤ 言語單調，喜怒不形於色，情緒呆滯；

➤ 缺乏群體感，「斯人獨憔悴」；

➤ 語氣浮誇粗俗，反應極為敏感；

➤ 以自我為中心，不考慮其他人；

➤ 過分熱衷於名利或博得他人尤其是上司的好感。

　　生活中的很多問題都可以得到解決，只要你掌握禮儀的張力，自然能化腐朽為神奇。比如說發牢騷，有些人對什麼都看不順眼，而且表現方式多種多樣：指名道姓地攻擊、埋怨；指桑罵槐地進行攻擊，迂迴地表露自己的怨氣、怒氣；關起門來自我發洩一頓；甚至是歇斯底里地大鬧一番。對於這種不良的情緒，應該加以勸阻和引導，其實，遇到不平和不快，都會令人心煩，旁觀者應該加以體諒，使牢騷者緩和怨怒，拓寬眼界，放棄種種偏見。此外，還可以控制和消解，牢騷有很強的指向性，不要圖一時之快而不顧後果，應該盡快找到發牢騷的原因，更好地解決問題。牢騷還可以轉移和昇華，遇事多往積極的方面去想，會避免消極情緒進一步惡化。正如魯迅先生說過的：「不滿是向上的車輪。」牢騷也有積極的意義，對這種積極意義的開掘，必須從思想上進行昇華，把「不滿」轉化為激勵自己「向上的車輪」，盡自己的最大努力克服客觀不利因素，自然能夠提升生活的品質。此外，抵制讒言、避免庸人自擾、增強群體感等都可以採用大致的方法加以改變，從而重塑人生。

　　抵制讒言是一種功夫，發現有人背後議論自己，不要生氣、憤怒、害怕、躲避，乃至爭吵、對質等等，因為那無異於拿別人的錯誤來懲罰自己。如果別人議論的屬實，則要加以改正；如果純屬無聊的誹謗，就要有「不做虧心事，不怕

鬼敲門」的坦蕩之心,「走自己的路,讓別人說去吧!」生活
中的很多磨難都會給人帶來壓力,應該及時地把壓力變為動
力,勇於接受意見,達到對自身的不斷超越。對於處世中的
「八戒」,一定要使其在自己的生活中消失,而未來的新世界
自然在打破舊世界的同時建立起來了。

第四章
職場：敲響希望的柴門

君子成人之美

　　人們往往有一種感覺，自己的東西就是比別人的好，自己的錯誤大都是一種個性，而別人的錯誤簡直萬惡不赦，這樣，別人不能夠且壓根就不應該成功，生活中樂於成人之美的人實在是鳳毛麟角。可是，凡事都講究物以稀為貴。正如偉人所說，「如果我們選擇了最能為人類福利而勞動的職業，我們就不會為他的重負所壓倒，因為這是為全人類所做的犧牲，那時我們得到的將不是一點可憐的快樂，我們的幸福將屬於千萬人。」可見，成人之美是一種多麼偉大的品格！

　　人們對「成人之美」的關注，往往都在自己的利益與他人的利益發生衝突的時候。這時候，有些人喜歡奪人之美，當然，正常的競爭無可厚非，可是，總是有一些人願意使用遠離陽光的手段。他們樂此不疲地在暗地裡掠奪別人的果實，即使這果實對他們毫無用處，他們也要掠奪，因為讓別人拿走，那實在是一件太痛苦的事了，長此以往，道德逐漸流失，信任成為空洞的話題。試想，如今還有多少人發自內心地承認別人的成功呢？即使他們不發生酸葡萄反映，那誇獎的水分也太多了。

　　正常的職場狀態應該是，鼓勵別人的同時發展自己。同行不是冤家。所謂賣石灰的見不得賣藥的，王麻子賣藥不傳閨女，本就是荒誕之舉。當然，荒誕之舉並非無緣無故。因為技術特別是絕活是手工藝人吃飯的根本，沒了這個，難免面臨衣食之憂。憂完自己又憂子孫，很多的絕活逐漸也就失傳了。這個傳統觀念有其社會基因，但是，如今的環境給專利提供了一個相對寬鬆的空間，成人之美的事做做實在無妨。特別是在你已經成功的時候，幫別人一把，只是舉手之勞，何必猶豫乃至拒絕呢？

　　如今的各種比賽遍地開花，跟一些選手在平時聊天的時候，總能感受到其中的批評味道，特別是後輩被前輩壓制的現象是明顯的，所謂文人相輕也不是什麼新鮮事，但是，這個是不正常到了參賽者吝嗇於讚美別人的程度。殊不知，人們大都渴望讚美，在節奏日益快捷的時代，讚美幾乎已經成了生活的調味劑。並逐漸成為一種藝術。這種藝術的魅力不凡，因為它能給人生活意義。一個人能夠成人之美，之後又讚美別人，就已經達到助人為樂的境界了，不僅能夠切實地提升生活品質，還會給自己建立一個良好的人際氛圍。

注重在媒體中的形象

　　置身於資訊時代，每個人都應該關注每天在我們身邊發生的一切，而媒體帶給人的自然是一場革命。商業人士是媒體重要參與者，這不僅因為他們是受眾，更重要的在於，他們可能是傳媒的內容。在經濟新聞中，關於商業成功人士的報導與日俱增，這樣，面對媒體的採訪，管理者或代表管理者出現的高級白領，甚至普通的公司職員都要保持自己的形象，從而展現出企業文化的魅力。

　　在電視鏡頭中，出鏡者務必大方自然，亮相得體。如果是以演講方式出現，則要環視全場，以開場白引領，開場白沒有一定的固定模式，可介紹姓名，並向聽眾致意。演講開始之前，把要講的問題扼要加以介紹，使聽眾有整體認知，然後順藤摸瓜，脈絡清楚，一氣呵成。如果想跟聽眾打好溝通的基礎，最好向聽眾提幾個問題，使對方與你保持共同的思維空間進行思考。如果問題提得好，聽眾自然會格外留神，等待富有見解的答案。在鏡頭面前，管理者要懂得用煽情的方式表達一個直白的問題，或者以好奇的方式引起對方的興趣。

　　在與媒體合作的過程中，也要考慮禮儀的運用，這是一個老練的出鏡者必備的素養。談話時要保持持久充沛的精

力，在接受採訪之前，一定要充分準備，釐清思路，養精蓄銳。在談話過程中，要器宇軒昂或灑脫大方，總之，要表現出氣度來。如果是室外採訪，站立要穩，切勿前後搖擺。如果說話不禮貌，或者常常左右移動重心位置，就會使受眾認為你心神不定。談話時要照顧鏡頭，左躲右閃給人鬼鬼祟祟的感覺，說話時望天也讓人感到目空一切或思想不集中。低頭看稿或看地板，不注意與記者的交流，也將直接影響演講效果。

接受採訪時的談話聲音要適中，音量的大小要根據情況而定，過高失去自然和親切感，過低則難以符合受訪公司的專業形象。特別要值得注意的是，管理者面對鏡頭，不要胡亂揮手。最好的姿態是雙手相握，放在身前或身後，或者放鬆垂在兩側。雙手的姿勢非常重要，盡量避免重複同一動作，那樣可能分散聽眾的注意力。媒體是一種工業流程，一切採訪都只是傳播的一個環節，而被採訪者的穿著一定要以整潔、樸實、大方為原則。

在被採訪對象中，男士的服裝以西裝為宜，女士不宜穿戴過於奇異精細、光彩奪目的服飾，因為您的服裝過於豔麗，就很容易分散聽眾的注意力。從而降低自己的交際品味和媒體的傳播效果，由於媒體的傳播範圍越來越廣，有的媒體還要滾動播出，這樣，無論在媒體面前表現得如何，都將

對自己所在的企業和自身產生一定的影響，有時這種影響還非常大。這樣，管理者在企業面對媒體宣傳的時候，就要保持生產的熱情。因為推廣自身也是工作的流程之一，而外部效應的極大促進，往往會在不經意中成就了一個企業和企業中的某個人。

學會善待同事

彼此善待，是我們求同存異的根本。彼此善待，從自我做起學會善待同事，總原則就是：除了要達到既定目的，也要兼顧友誼的發展；除了要提高辦事效率，也要兼顧他人的難處；除了要展現強勢作為，也要保持一顆感恩心；除了要彰顯不凡毅力，也要無條件信任對方；除了要提高一己地位，也要真誠去提攜對方；除了要接收他人資源，也要樂於去奉獻回報；除了要開口謀求利益，也要樂於去成全他人。

具體的原則和方法有很多：

➤ 學會尊重同事。尊重他的生活習慣，尊重他的處事方式。人都有友愛和受尊敬的欲望，人都渴望自立，成為家庭和社會真正的一員，平等地和他人溝通。如果你能以平等姿態和其溝通，尊重理解其差異，對方就會覺得受到尊重，進而才能尊重你並產生好感。

➤ 以誠相待。虛情假意永遠不能長久，以功利為目的相處往來終究會被識破。懷疑別人的真誠，這是交往的大忌，這樣不僅會將自己引入溝通的盲區，還會傷害對方的自尊，導致關係的危機。交往是相互的，真誠也是雙方的。

➤ 體諒難處傾情相助。不管是在工作中還是生活上，同事若有難處，應予以體諒理解，並盡力幫助，這種幫助不單單是指精神上的安慰，更包括相應的行動及物質上的資助，「只說不做」只會被當作一種委婉的取笑，所以，在行為上一定要有所表現。

➤ 不要在上司面前打同事的小報告。同事若有錯誤，可以私下裡給他提出，讓他改正，切忌以同事的疏漏換取上司對自己的信任，進而獲得升遷和加薪的機會。最基本的原則是，除了要提高一己地位，也要真誠提攜對方，如果對方能力就是不行，那他也會十分感激你，你們之間的關係也會迅速昇華。

➤ 記住同事家人的生日和其他重要日期，並在適當時候，送上你的祝福。尤其是同事家人若有病喪等事，千萬不要吝惜你的關心與安慰，對同事家人的重視會讓他感受到雙重的尊重。

➤ 選擇禮物贈送同事。出差或外出旅行時，回來自然要給

大家帶些禮物，在資金和時間有限的前提下，且不要贈送少數幾個人價錢高的禮物，要贈送大夥每人一份薄禮，禮物只是形式上的東西，但少了卻不行。「千里送鵝毛，禮薄情不薄。」並且所同事都在乎你這份「情」，因此，送禮要送到位，一個都不能少。

➤ 學會幽默，成為調節同事之間緊張關係的潤滑劑，必然贏得所有同事的信賴和尊重。這是一項技巧，真正學會在不傷害任何一方利益的前提下，化解矛盾雙方的誤解，不偏不倚，成為大家信賴的「解鈴人」。「煽風點火，火上交油」者遭人不恥。

➤ 記住一句箴言：「退一步海闊天空，忍一時風平浪靜」。

善待他人，就是善待自己。善待同事，必將得到同事的善待，這是一項有相同回報的投資，其實很划得來。更何況，善待同事僅僅需要你的一點耐心，誠心和細心，累不壞你，那麼，還猶豫什麼呢？

上班族的黃金處世原則

巨大的成功通常是有眼光的專才和各種職場的人才智者通力合作的結果，要想對局勢做出判斷，必須善於利用眾人的能力，於人於己都大有好處。工作中的處世交際是人際交

往系統中最重要的一環。處理好與同事和上司之間的關係，幾乎成為上班族獲得成功的重要技能。因為每個人的所作所為都為自身營造著一個或好或壞的環境。種瓜得瓜，種豆得豆。種下的是嫉妒和仇恨，收穫的絕不會是幸福和安康。特別是上司決定著上班族的升遷和加薪，在合理地提出自己的不同見解之外，對上司無意義的貶低和議論，都是極其不聰明的。金無足赤，人無完人。對上司和同事敬而遠之，會使自己的工作環境變得複雜，很多事情都會陷入被動局面。

為此，上班族大都簡單明瞭地提出觀點，從不拖延壞消息，隨時讓老闆了解情況，並遵循職位的層次，不越級處理問題，適當地對上司保持尊重，經常做換位思考。這樣，你的能力就會逐漸為上司所識得，遇事也會更加沉著冷靜，對同事和上司更多地採取肯定的方式，保持良好的溝通，工作逐漸就得心應手了。處世交際在過去、現在、未來都是上班族應該不斷提高的生活能力，這一點萬萬不能忽略，因為這種操作基於對人性的關懷。只要人性本身不變，人們在處世交際上付出的努力就永遠都不會貶值。

一旦人際交往系統處於紊亂狀態，你就可能永無出頭之日。造成這種局面的原因很多，比如說拍過於露骨的馬屁，製造上司和同事的謠言，識不破敵人的惡意，沒有必要的防人念頭，各人自掃門前雪⋯⋯上司畢竟是上司，必須對其保

持尊重，但是，如果過分地讚美，甚至以醜為美，就會使人感到討厭，以至於弄巧成拙。而謊言重複一千遍肯定會產生不好的社會影響，無端地把自己打扮成謠言廣播電臺，會讓同事鄙視，更無法得到上司的青睞。人心隔肚皮，權力和金錢有時候會改變人，如果沒有防人之心，很可能在關鍵時刻發現周圍「小人」的能量，捶胸頓足，悔之晚矣。此外，切莫自掃門前雪，那樣，即使你的業務水準很高，也會把自己陷入孤立的境地。

隨著世界一體化趨勢的日益明顯，整個世界的聯動作用愈來愈突出。個人的能力在高技能的複雜社會變得十分有限，上班族之間相互協作為人們提供了重要的發展方向。上班族必須有意識地培養自己在群體中的溝通能力，在公共場所鍛鍊與他人接觸的水準，良好的工作環境和豐厚的薪水儘管來之不易，但是也能夠讓上班族受益終生。

成熟的上班族在生意場上奔波，還不忘投給同事微笑。沒辦法，現代生活拒絕閉門造車的個體化生存方式。過去的手工作坊跟如今的摩天大樓比起來，差的就是整個社會各環節的相互配合，自己挖土、燒磚、上梁、架窗是無法讓大廈聳入雲霄的。這種低效率的工作狀態與上班族生活格格不入，其實，做上班族也是做人，學會做人，就得首先懂得黃金處世原則。

保持「零干擾」

干擾分為「外在干擾」和「內在干擾」兩部分，外在干擾來自周遭環境，比如噪音、天氣等的干擾；而內在干擾來自他人，包括鄰居、同事、朋友，以及其他人際關係對你的干擾。那麼，怎麼保持「零干擾」？訣竅又是什麼呢？

首先，從解決「外在干擾」入手。居住、學習、工作環境可以選擇，但來自外界的噪音、天氣等自然因素卻不可選擇。尤其是有喧囂的城市環境，即使是在幽僻的地段，也免不了呼吸城市的浮躁空氣，陽光不純淨，空氣遭汙染都是必須面對的問題，就很可能造成你心情煩躁等身心不舒適。「外在干擾」的解決的辦法就是要有良好的心態，對於不可選擇必須承受的東西，只有調整自己去愉快接受，把不愉快盡可能轉化為愉快。外面空氣不好，有噪音，可以看看書，聽聽音樂，呼吸心靈中的新鮮空氣，淨化自己的耳朵。

關於「內在干擾」，有多方面的因素，我們分別來談：

➤ **處理好鄰里關係**：良好健康的居住環境離不開和諧的鄰里關係，想要不受干擾，必須保證不干擾別人，尤其是鄰里之間，你叮叮噹當干擾了鄰居生活，鄰居不能一忍再忍以德報怨，還你一個安靜的環境，所以，保持「零干擾」，要先從自我做起。如果鄰居有意或無意的行為干

擾了你，你要善意向鄰居提出，不要以牙還牙，凡事做出行為之前，要對事物有充分的了解。婉言相勸若知之不改，再考慮其他辦法。切忌把不滿和報怨掛在臉上，出門不給鄰居好臉色，摔摔打打不僅解決不了問題，還會惡化鄰里關係，問題擺在桌面上，談開了，解決辦法自然就有了。

> **同事之間和諧相處，彼此之間「零干擾」**：大家一起做事，交往，彼此之間難免有摩擦和不愉快。和同事相處是一門藝術，普遍的法則就是真誠、坦誠。人的普遍心理就是希望得到他人的承認和贊同，希望成功、快樂。了解這些，在和同事相處時，要善於發現同事的優點長處，真誠地去讚美他，發現他的缺點和你不能容忍之處，要巧妙而藝術地提出，避免當眾批評和指責。同事工作、生活上有困難時，要盡力幫助，尤其在同事升遷、加薪時，雖然自己心中不免有所失落，也不能表現出來，要大方真誠祝賀他。凡此種種，給他一個笑臉，他會還你一片燦爛陽光。這樣，彼此相處愉快，工作中互相就不會蓄意找麻煩，達到「零干擾」。

> **和朋友、親人之間主要在於你向他們展示真實的自己**：讓他們知道性格，處事規則等等，避免無意間干擾了你，找你麻煩。了解很重要，了解你才會理解你，才能

注意不去干擾你。若是他們真的不小心干擾了你，不要惱火，他們並不是要害你，大多還是出於「無意」，心平氣和說出來就好了。

誰都想擁有「零干擾」的良好環境，以便專心致志地學習，工作。但良好的環境主要來自你的心態，你的處世方式，你的人格，切忌「主觀不努力，客觀找原因」，殊不知，「零干擾」是主觀努力得來的回報，不在客觀原因。

收到請柬的時候

收到「請柬」，無論是邀請你觀看演出，邀請你參加婚慶禮宴，需要你破費花錢還禮，還是其他……你都要以一顆感恩的心去接受，並向發出請柬方表達你真誠的謝意。畢竟有人把你放在眼裡。這是一個注意力經濟發揮主導價值的時代，能獲得這個世界三到五秒的注意，就已經是很成功了，不管你是什麼樣的人物，沒有人有那麼多時間去關注你，想著你，收到請柬，就是收到一份尊重和關注，唯感恩是好。

收到請柬後就要決定是赴請還是拒絕。若是打算赴請，臨行前要好好準備一番，要清楚自己將要去什麼樣的場所，不同場所決定你的衣著打扮，決定你要表現出的言談舉止，這些都要在去之前打個「草稿」，心裡有個準備，以免正式場

合上失禮。再者，需不需要帶禮品，帶什麼樣的禮品，這些都要提前準備好，若有可能打聽一下，還有誰和你一樣，收到了「請柬」，並側面參考一下他們的意見。禮的輕重很關鍵，禮輕薄了，顯得你小氣不重視對方；禮若重了，自己可能還負擔不起，也讓對方回禮遭到困難。若是決定赴請，必須明確告訴對方你去的時間及方式，給對方一個準備，對方若另有安排，一般服從為好。

收到請柬，若不打算赴請，就要講究拒絕的藝術。對方給你發出請柬，無論如何也是一番熱情，拒絕無論如何也是一盆冷水，如何把這盆冷水巧妙地潑過去，既讓對方感到寒冷，還能激起對方下次再給發出請柬的願望：

➤ **態度要真誠**：向對方說明不能赴請的原因，若是不好說出口，編造善意的謊言也好，但態度要誠懇，不要嘻嘻哈哈敷衍了事。首先，應該向對方表明你十分願意去，然後再說苦衷和理由，最後表示下次若有機會，一定欣然前往。這樣一套下來，雖不是很完善，也不致於讓對方很難堪。

➤ **講究語言藝術**：不管是打電話拒絕，抑或當面拒絕，都要講究語言藝術。若是打電話，要注意語氣語調，切忌露出不屑、不耐煩的冷談腔調，另外，打電話不要就事論事，閒話家常，拉近彼此的距離，避免讓對方一直處

於被拒絕的尷尬氣氛中。若是當面拒絕，尤為重要的就是注意表情和動作，讓對方感到你確實感到萬分遺憾不能「赴請」，從而獲得對方的諒解。

➤ **表達謝意**：儘管是拒絕，適當時候，不妨「以禮相拒」，拒絕得「有禮有理」，對方才會對你喪失熱情。「以禮相拒」的同時回贈一點小禮品表達謝意，這是一個很好的方法，對下次發請柬時，一定會再次想到你。

➤ **不要將「請柬」隨便轉送他人以示拒絕**：這是一種最惡劣的拒絕方式，是對「發出請柬方」的漠視甚至是侮辱。哪怕你不向對方解釋你不能赴請的理由，哪怕你把請柬丟掉，也不要轉送他人，因為其惡果難以想像。

「請柬」也是一份禮物，收一份禮就是收穫一份人情。在講求人際的時代，多一份人情，就是多一條路，千萬不能不小心把這條路給弄斷了。接受也好，拒絕也罷，都不能傷了人情。

提升自己的「人氣」

置身職場，我們會發現很多變化。飛黃騰達者、懷才不遇者、左右逢源者、孤芳自賞者這都大有人在。在這變化沉浮間，我們知道「人氣」有多麼的重要。要想提升自己的「人

氣」，首先要全方位地了解自己。比如說自己到底有什麼才能，是否為夢寐以求的事情付出全部的精力，什麼樣的環境使自己感到如魚得水。這一切都弄清之後，工作目標自然變得清晰。

弄清工作目標，繼而全力以赴之後，我們還要運用最有效果的「利器」。微笑如同一道陽光，照亮自己的同時，也傳遞給同事和上司溫暖。在職場生涯中，很多企業的人力資源部經理都寧願僱傭學歷略遜一籌的上班族，如果他有友善的微笑和開朗的心靈，整天板著面孔的高學歷會使得工作缺乏生氣。快樂非常富有感染力，證明內心自然而然流露的喜悅，正如徐悲鴻所說，微笑時不需要花錢的，因此，對每個人都要微笑。而微笑是真實、熱誠、發自內心的。絲毫沒有虛偽和造作。

此外，應該使人格具有磁性。這要求你擁有足夠的自信，從而完善資源的整合和利用。人格對別人和自己來說，都是一劑強心劑。而且，你應該讓對手做你的底色。除了展現出自己的英雄本色之外，還要抓住競爭對手的弱點，使其成為襯托本色的底色。職場上的生活非常殘酷，沒有太多人會同情弱者。「人氣」考察的是一個人的凝聚力。對「人氣指數」的關注是一種生活態度，如果你願意成為上班族，並發揮自己的才能，培養良好的心態，勇敢面對這個世界的一

切，那麼，就必須在「人氣」上做文章。

　　為此，我們必須改掉工作中的不良習慣，諸如經常遲到、故意拖延、注意力分散、緊張、有抵觸情緒、健忘、打電話時吃東西、指手畫腳等都是成功的大敵。其實，這大都是人的惰性使然。逐漸改掉了這些習慣，我們的苦惱就會在不知不覺中消解，因此每個人都應該迎接新的挑戰，剷除一切阻礙我們的東西，活出自己的使命來。為此，上班族要具備國際觀念。因為市場越來越開放，上班族也應當國際化，充分認識和了解國際上解決問題的方法和市場運作規則，走在普通職員的前面，形成某種向心力。

　　有一顆「公心」極易提升「人氣指數」。「人氣」並非看不到、摸不著的東西，它是非常現實的。「人氣指數」的高低與上班族的 EQ 有關。工作能力很強的高級白領大都擁有很高的情商。這要求年輕人不鋒芒畢露，盡量尊重上司和同事，抵制來自辦公室裡的威脅。十個手指伸出來都有長短，辦公室裡職員的能力肯定有高低，千萬不要因為自己的一技之長就詆毀別人，因為即使能力不高，當受到侵犯或者威脅時，誰都會自覺或不自覺地產生抵抗情緒。

　　努力工作的同時，還要適當注意其他人的感覺。在人才濟濟、競爭激烈的環境中，要使自己的夢想成真，必須考慮自己的「人氣」，因為人緣好一點，機會就會多一點。

涉世之初五重奏

　　青春是人們勃發著走向生活、走向成熟的重要階段，也是思緒紛紜、充滿幻想、渴望友誼、追求幸福的如花季節，如果能打開交際之門，真誠地待人處世，良朋如雲，瀟灑自如地譜好優美的交際奏鳴曲呢？涉世未深的青年面對大千世界芸芸眾生，孤身進入陌生領地，往往表現得嬌羞拘謹甚至膽怯。如果勇敢向人主動搭訕，用「喂，你好」這樣簡單的交際語，就會給自己營造良好的氛圍。交際奏鳴曲的第一樂章是用「情」和「理」交往，總原則是以情感人，以理服人。

　　涉世之初，一定要用「理」作為有力的武器，但是不要用「情」過度或者得理不饒人，一定要善於駕馭。交際奏鳴曲的第二樂章是和更多的人談得來，要熟練地抓住共同感興趣的東西，以便深入地交往，否則，話不投機半句多。拘於刻板，循規蹈矩的談話使人感到寡淡無味，優雅大方，妙語聯珠的談吐往往令人刮目相看。交際奏鳴曲的第三樂章是用體態語顯示自己的魅力，青春本身就是一部博大精深的詩集，身體的每一部分都輝映著生活的折光，散發著對生活的感受。揮手擺手，點頭搖頭，一顰一笑乃至於穿著打扮，無不向外界無聲地傳導著自身的資訊。

　　這就要自己在對方的或欣賞或厭惡，或贊成或反對，或

歡樂或悲傷，或瀟灑或深沉等中做出自身的決斷，從而成為你自身。一般來說，從衣著打扮上，喜歡穿紅的人開朗活潑；喜歡著綠著藍的人文靜大方、感情充沛；喜歡灰色一類的衣服，性格內向沉穩，感情專一。使用身體語言切忌模稜兩可，也不要過於直露，交際奏鳴曲的第四樂章是培養獨立的個性。朝獨立富有個性的方向發展，認為錯的東西大膽陳言，表明自己的立場和態度。絕不能逆來順受，否則，不但失去個性特點，還使人覺得軟弱可欺。

青年在交往時要記住：個性是自己的身分證，是交際成功的必備條件。交際奏鳴曲的第五樂章是保護自己。加強自身的修養，潔身自好，「立志且與青雲齊，持身勿使白矽玷」。樹立正確的人生觀，在人生大舞臺上，面對正直的、善良的、醜惡的人，要從其細微處見精神。善者近而惡者遠，近賢者遠小人，對那些心術不正的人，一旦認清其面目，就該當機立斷，不再交往，免得貽害無窮。此外，還要用法律來保護自己，只有如此，才能正常地與人交往，開拓良好的人際關係。

「青年人的勇氣和智慧就是力量」，只要發掘自身潛力，就會在青春的無重奏中成為最優秀的指揮家。從而擁有真誠的朋友，得到事業的支持，擁有一帆風順的愛情。也只有這樣，你的一切作為才能「從心所欲不踰矩」，使自身前途無可

限量。而在他人的眼中，你一定是一個深明大義的識禮者，或者是有健康情懷的成功者。而說來說去，這類事情都與禮儀有關，看似簡單和瑣碎，實則蘊含著極大的營養。一個關鍵的問題是：在人生最有朝氣的幾年，無論怎樣涉世，都不要忘了禮儀要求。

職場時尚守則

E 時代是個文化多元的時代，上班族要更加獨立的生活，注重生活品質。無論在辦公室、舞會抑或談判場，都要優雅浪漫，禮儀俱到。而禮儀的境界是藝術的境界，參加祭奠親朋好友的長輩的儀式中，要穿深色樸素的衣裝。要預先準備好花圈、白手帕和禮巾，進入靈堂後，直面靈位，立定鞠躬，並對家屬在鞠躬及表示慰問。當同事生病時，應該到醫院探望，但探病時間不宜過長。應該控制在 10 分鐘左右，要帶果籃、鮮花、營養品，千萬不要說令病人不安的話題，應該祝願對方早日康復出院。

與同事到郊外遊玩時，應該互相幫助，共同娛樂的時候，應該大膽地表演節目。以大家快樂為基本原則，與陌生人發生衝突時，要謙和禮貌地處理。如果乘飛機旅遊，在飛機上遇到各行各業的紳士淑女，更要注意禮儀問題了。基本

的注意事項如下：

➤ 購買機票時要出示身分證或者護照；

➤ 在起飛前一小時到達機場辦理登記手續，辦完手續後，應進入候機室，到指定的區域去候機；

➤ 不要將瑣碎的行李跨在身上，積極配合安檢和機檢，將不應攜帶的行李處理掉或放入行李艙；

➤ 登機時不要擁擠，入座後，要察看手提電腦和手機是否關掉；

➤ 起飛前要繫好安全帶，在飛機上不要談論空姐以及撞機等空難事件，不要潑灑食物和飲料；

➤ 在乘機過程中，不要喝酒抽菸，飛機到達時應該按秩序出艙。

如果在機場有朋友迎接，自然會安排私車接送，這時，要注意坐轎車的禮儀。在禮儀的意義上，以轎車後排的右後座為首座，左座次之，而中座更次之，副駕駛的位置為最次。但是，一旦主要人物駕車出遊，副駕駛的位置就是最好的了。如果你是迎接客人的東道主，應該為女士開門關門，要根據客人的地位和關係安排座位。在車上應該徵詢客人是否要聽音樂，是否要開空調，是否要開車窗……作為客人，應該保持車內的清潔，不要將塵土帶進車內。如果是公出，當對方的公車來接你時，在車上盡量不要談私人問題，不要

提出聽音樂等要求，保持身分感和地位感，臨走時要向司機道辛苦。

如果一切從簡，就是最好的出遊方式了，交通工具自然就要選計程車。計程車可以預定，也可以隨手攔車，這時要注意保持風度，不要大聲叫喊或不停地大幅度擺手。在叫車的時候，不要給司機增添麻煩，應該在交通規則制定的地方等車。

與其他乘車方式一樣，乘計程車時，男士要注意女士優先，座位是男前女後，男左女右。幾個人同遊時，應該爭坐前座好方便付款，如果前座讓給長輩或者貴客，就要提前準備好零錢，在車到達目的地的時候，及時交款。如果要找零錢，應該提醒司機，下車時要注意身姿優美。同時，應該說一聲謝謝，並隨手關上車門。這看似不重要的出遊，往往能檢驗出一個人的基本修養、水準和素養，千萬不要在無意中讓別人大跌眼鏡，從而造成人格成本的大損耗。

熟識上班族辦公室文化

現如今，進外企的新員工都需要快速適應環境，比如說與前臺接待員彼此熟識，使自己從那裡得到很多幫助。在通常情況下，公司的人事等部門會通知前臺接待員新職員的名單及其分機號碼。然而，公司內部有時不能及時溝通，最保

險的辦法是主動向前臺介紹自己，確保對方知道自己的存在。如有重要客人，告知前臺予以關照，如果客人已等了很久，讓前臺提醒你，如果接待員能對客人給予特別的關照，客人也覺得受到了很大尊重。此外，還要提前預訂會議室，找出誰負責會議室的預訂。

　　如果要安排時間較長的會議，就要與各方協調，如果安排有變化，馬上通知會議室預訂負責人。否則，很多人都會不知所措，其實，一個人的教育背景和技能要靠一定的培訓提高，而日常工作是最好的培訓課堂。如果員工有個積極向上的態度，就不難發現，日常培訓具有重要的實用意義。因此，如果沒有提前加以預訂，即使只是使用一會兒，也要與負責人核對一下，以免「撞車」而產生不快。如果要舉行會議，就要在此前確保會議所需的相關設備都已準備齊全並運轉正常，比如說投影機、電腦、會議電話等，年輕上班族應該多做類似工作，以增長經驗。

　　如果要舉辦規模較大、與會者眾多、持續時間較長的會議，還要提前安排服務人員準備為與會者沏茶添水，或者準備點咖啡、點心等。等會議快要結束的時候，要通知他人，使得房間被安排做其他用途。外企對雇員的培訓多是透過在職工作，成績優異者很快提升和加薪，而市場永遠都是日新月異的，如果重複工作不思進取，往往會吃驚於原本熟練的

工作也做得大打折扣。

　　羅勃・海佛的《人才僱用決策》曾經提出「應徵者最特異的舉動是什麼」的問題，並為此舉出了很多例子，以下幾項特別值得注意：「除非我給他一個工作，否則他不肯離開；到最後我還得勞駕警衛把他帶走。」；「他拿出一架拍立得相機替我照相。他說他總要拍下與他面談的人。」；「我接電話時，應徵者拿出一盒肯德基炸雞，把它放在我的桌上，並吃了起來。」；「我問起他的興趣，他便跳起踢踏舞來。」；「她說如果我不僱用她，她要請她祖母對我下咒語。」；「他在我地毯上跳上跳下，直說大人物才可以在辦公室內鋪上厚地毯。」聽來都很詭異的表現真的只在應徵者身上表露出來嗎？殊不知，日常工作中看似隨意的進食習慣、個人習性抑或是任意打斷對話等做法在很大程度上毀了一個人。

　　人要有自知之明，年輕上班族在理智的基礎上，不要過於苛刻公司沒有給予一定比例的回報。殊不知，從公司的角度看，任何人都應該爭取到一定數量的業務。以免使老闆對人才和競爭環境有更高層次、更全面的評估，真正能幹且肯做的人，大多能得到較好的待遇。

熟諳國際商務禮儀

在競爭激烈的國際商務舞臺上，要挺立潮頭，就必須熟練而恰當地運用商務禮儀知識，使業務能夠事半功倍。外企職員或涉外人員，經常會在商務交流中遇到尷尬，如著裝不妥、用餐時手足無措等。事情雖然不大，但是會讓對方感覺不好，從而影響整體的營運。目前，有很多國際商務禮儀培訓課程為白領階層量身定做，著意說明給人留下好印象及注意細節的重要性和實用性。並透過角色扮演、互相評價、小測驗和自我完善計畫等互動式溝通，加深對基本禮儀的理解掌握，以便在實踐中應運自如。

一般來說，以下交際準則應當熟知：

➤ 知己知彼，入鄉隨俗，不同文化背景對禮儀有不同的要求，與國外商家做生意時，要盡可能多地熟悉對方的商務習俗和節奏。尊重對方的風俗習慣，就會使客戶心情舒暢，成功的概率可能增大。為了避免失禮，此前應閱讀客戶所在國的概況，了解問候語、服飾規範、用餐赴約、地理概況及贈禮習俗等；

➤ 尊重對方，不同國家做生意的方式都不同，這裡面沒有對錯之別。比如說歐美客戶與人交談時目光注視對方，表示著關注、真誠和尊敬，而亞非國家的人則以迴避目

光方式來表達對他人的尊重。如果肆意批評對方文化，則會使對方處境難堪，給業務帶來嚴重損失；

➤ 友誼第一，生意第二，從禮儀的角度看，只關心生意是否做成是短視行為。殊不知，國外很多商家都把建立彼此信任視為長期合作的必要「投資」，在歐洲和中東、日本等地都重視信任、友好，並能提供優質商品和服務基礎上的長期合作。

「充電」會不斷改變自己，近年來，外企職員出國讀MBA 的形成熱潮。其實，讀 MBA 重要的是受到國際商業化的薰陶，從而成為公司業務接力棒的「最後一棒」。而不是倒數第二棒、倒數第三棒，不思進取的心態一旦蔓延開來，就已經走向失敗的邊緣。在國際商務交際中，由三點對自己的暗示值得記住：

➤ 超出上司對你的期望；

➤ 超出自己對自己的期望；

➤ 要關注細節。

而這一切在合作時代都要透過基本禮貌、社交禮儀和常識來完成，踏踏實實地完成「良好的銷售增長」和「清晰的盈利軌跡」，這一點至關重要。如果說能夠注重資深的內外修養，保持潔白的牙齒、豪邁步伐，讓人刮目相看，就近乎完美了。

不論公司的事業有沒有前途，關鍵是你有沒有前途的事可以去做，遺憾的是，這個假設在很多成熟企業的員工身上竟然是一個不成立的假設。那麼，一個基本的事實是，很多類似的員工即將遭到出局的命運。要知道，這是一個講求效率的競爭年代，上班族要重視有計畫地安排自己每天的時間。什麼時間做什麼，一般應預先安排妥當，在緊張工作之餘，也要充分享受天倫之樂。特別是細節值得關注，比如說當女士走進時，男士應起立，保持必要的謙讓姿態，這都將被看作是高貴的典範。

目標指向大海

毋庸置疑，禮儀生活的目標是走向成功，這就涉及到為自己制定目標的問題。記得當年崔健有一首歌：「你問我要去向何方，我指著大海的方向。」對於所有追夢人來說，這首歌道出了人生可觀的憧憬，只是人生其實除了夢想之外，還需要導航儀。否則，必然不知道自己要什麼，從而在太平洋中駕船，卻沒有指南針，隨風飄蕩，虛擲一生。繼而失去了快樂的基礎，其實，定下目標只是第一步，第二步同樣重要。在我們生活的周圍，有人之所以比別人成功，全在於他們有毅力及勇氣挑戰目標。

　　這個問題極好得到證明，燈泡是個簡單的東西，愛迪生卻試驗上萬次才成功。在追求目標的道路上，要找到真正值得自己信任的人，「信任就像一根細絲，弄斷了它，就很難再把兩頭接回原狀。」不管在生命的哪個階段，你所能擁有的最偉大的物質，其實就是誠實。「遲疑」是成功的天敵，做事一定要果斷，果斷不同於草率，你得盡快地得到必要的資訊，以協助自己的決定。一個可行的方式是，拿一張紙，從中間劃一條線，正面因素放一邊，負面因素放另一邊，之後，以一到十來替每個因素打分數。

　　此外，要完成一個遼遠的目標，就應該「活到老，學到老」。但令人驚訝的是，很多年輕上班族在開始工作後，就覺得自己已學完了足以生存下去的所有知識。殊不知，生存不是人的終極目的，職場生涯要求人們充分發揮自己的能力。要學會隨時彙集手邊任何可得的資訊，把它裝進腦中，隨著時間的進程消化，沉澱這些想法，直到解答從我清晰的思慮中跳出。這種做法極有可操作性，長此以往，一定會大有收穫。再有一點很值得注意，美的東西都是簡潔的，美而簡潔，其美加倍，做事千萬不能拖延，以免使人反感。

　　在對目標不斷靠近的過程中，禮儀的規範操作應守恆，絕對不能搖擺在不拘小節與彬彬有禮之間。比如說準備上臺的演講時，千萬別讓服裝出紕漏，一顆搖搖欲墜的鈕扣或者

襯衫或洋裝上的一個汙點，都會使人時時掛在心上。求職者在面談時，絕對要確定服裝整齊，充分了解良好的儀態會對與面談主管的交往產生正面的助益。因此，我們要經常告誡自己：若有恆，何必三更起五更睡；最無益，最怕一日曝十日寒。職場生涯不會讓追求者在河溝中游泳，而在上班族面前只有兩個選擇，不是止步不前、不進則退，就是走向大海挺立潮頭。

上班族很容易平庸，因為較為舒適的環境容易讓人滿足，從而忘記了年輕時所憧憬的高遠。而非常糟糕的是，市場又不是一池不動的春水，一切都求變。在發展與滿足、打拚與安逸、創新與重複之間，人的生活品質將因為他的努力而得到相應改變，很多看不到的商機逐漸抬頭。可是，對目標的設定、追求與靠近不是一蹴而就的，要求在不斷的跋涉中尋找到生命的亮點，因此，上班族要選擇過禮儀的生活、尊嚴的生活、快樂的生活，這也才是其不斷成長的真義。

第四章　職場：敲響希望的柴門

第五章

涉外：以雙贏的姿態握手

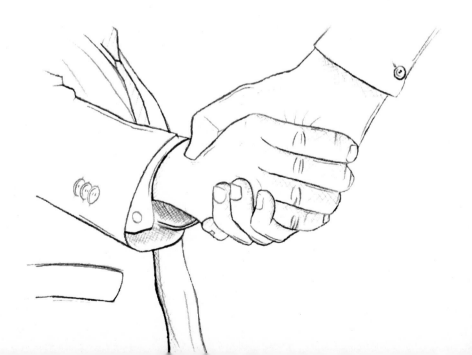

美國禮儀點滴

　　美國各地的風俗不同，越往美國西部，人們會越友善不拘禮。美國男女共同參加社交活動，他們共用體育及食物，男女共同消磨時光，未必表示有更深的關係。值得注意的事，儘管美國的社會風俗比其他國家隨便，但美國人並不是對性很放任，這仍是很私人的問題。上班族女性到美國談判，可以要求異國的男子遵照自己愜意的風俗，比如說參加音樂會、戲劇、體育活動或出外吃飯。

　　在男女雙方約會的時候，美國人也樂於 AA 制，假如在工作時間之外請對方參加特別的節目，那就要自己掏腰包了。如果不掏腰包，會得到受邀者的質問，美國並不特別尊敬重要人物。他們不會因對方的身分地位高而特別殷勤，通常不會要求貴賓坐上特定的座位，只有在吃飯的時候，略微有點表示。美國人說話時做手勢，他們可能拍拍對方的肩膀以示友好，或者輕拍小孩腦袋以示親愛。此外，美國人用慣左手，在美國用左右手沒輕重之分。美國人沒有家庭世襲的頭銜，他們樂於使用職業上的頭銜，因為這是靠自己「賺來」的。

　　有頭銜的職業常見的是法官、高級政府官員、軍官、醫生、教授和宗教領袖等，而從事其他行業的人，則被通稱為

「先生」、「小姐」、「太太」。「Ms.」因對已婚和未婚女士都適用，近年來在美國甚為通行，跟美國人第一次碰面，不知道他的職務頭銜，又要對其表示尊敬，可用「先生」或「夫人」稱呼。其實，在美國，除非從事某種特殊職業，否則，正式的頭銜是不常用的。美國人注重友好的、不拘禮節的關係，他們更樂於直稱一個人的名字，用這種直白表示尊重。

美國是「樣樣自己動手」的國家，不管是醫生、教授、商人、律師，都是自己煮飯、洗衣、上市場等。在美國，服務是一種非常重要的消費，只要付得起錢，誰都可以「買」服務。其實，美國人願享受家庭寧靜，他們不願付出高昂的薪資僱人幫忙料理家務。美國人不喜歡沉默，他們會侃侃而談，以免談話中止。如果你保持沉默，他們就會設法讓你加入談論，他們會問你要不要他們幫忙。但是，如果不同意你的觀點，美國人可能默不作聲，他們不願和你辯論而表現得很不禮貌。

美國人不說「廢話」，在答話的時候，往往只說「是」、「不是」、「當然」，或極普通的「YES」。這並不意味著他們怠慢、粗魯或頭腦簡單，他們平時都匆匆忙忙，打招呼不外乎一個「嗨」，上班族在美居留期間，經常接觸這個招呼，不論地位、年齡和職業。美國人感到難為情時，說話非常爽直，可一旦遇到對方特別客氣的稱讚或道謝，美國人可能非常難

為情，儘管內心快樂，可還是不知如何表達。除了特殊的假日，例如復活節、感恩節、聖誕節，美國人通常都不送禮，一切隨意的他們更不知道要禮尚往來。

韓國禮儀點滴

　　韓國是單一民族國家，該國大約有 2,500 萬人信仰宗教，其中，66% 的人信仰佛教，10% 的人信仰基督教和天主教，朝鮮語為韓國的國語。在日常生活中，韓國男子見面時，習慣微微鞠躬後握手，並彼此問候。而婦女很少握手，女士之間習慣鞠躬問候，只有在社交時才握手。與韓國人交往時，他們可能會問及私人的問題，這並不意味著不懂禮貌，而是來源於一種關心，你對此不必介意。韓國人有敬老的習慣，無論在任何場合，都應先向長者問候。在家庭之中，長輩男子具有權威性，進門時，男人走在前面，婦女要幫男人脫大衣。此外，韓國人重視儀表，衣著整潔。

　　朝鮮民族喜歡盪鞦韆和跳板，每逢貴賓來訪都要表演，表示對客人的尊重。韓國人忌談論「4」，因為這個字母的諧音令人不安，在韓國沒有四號樓，也不設第四層，餐廳不排第四號桌等。還忌將「李」姓解釋為「十八子李」。在交際談判的時候，這一點尤其應該注意，韓國人重儒學，跟他們

約會前，一定要事先聯繫，他們大都非常遵守時間。此外，韓國人喜歡穿白色衣料，每年6月都要歡度洗頭節，吃洗頭宴。進朝鮮民族的屋子要脫鞋，宴請客人時，女主人很少上桌。他們用雙手端飯敬客，喝酒時如果碰杯，年輕人一定要用自己的被子碰向對方杯子的下部，以表示尊敬。

韓國人以大米為主食，他們口味偏辣，愛吃牛肉、瘦豬肉、海味和高麗菜等。韓國人用餐時，所有的菜餚都一次上齊，到朝鮮民族中做客，一定要戴鮮花和禮物，並用雙手獻上，儘管禮物不重，但是，他們非常注重這種關心，而且不會當著你的面把禮物打開。在飲食文化中，「韓國燒烤」非常有特色，在宴會上，韓國人一般不把菜夾到客人的盤裡，而由女服務生替客人夾菜。但是，有一點應該特別注意，各道菜陸續端上之後，作為客人，一定要將每一道菜都嘗一嘗，這樣，對方才感到特別高興。

韓國是深受儒家文化浸潤的國家，他們一般不談婦女解放，近年來，韓國經濟發展速度很快，在交際談判時，應該多跟他們請教問題。韓國人堅守自己心中的信條，不要試圖令其改變觀點，因為這種堅守具有積極意義。韓國人在多元文化中以個性、勤勞、勇敢著稱，民族自尊心非常強。

韓國的農曆節日也有春節、清明節、端午節以及中秋節等，在端午節時，婦女們還保持著盪鞦韆的傳統。與韓國長

者共處，千萬不能懶散，要抽菸，就得徵得長者的同意。由於韓國婦女十分尊重男人，在交際談判時，男子的出場似乎要有更重要的意義。不要跟韓國人談他們忌諱的數字，在接待韓國人的時候，不要將他們安排在相關居所。

日本禮儀點滴

日本民族很注重禮節，講究言談舉止的禮貌。日本傳統禮節為鞠躬禮，行禮時雙手扶膝，躬身 90 度。妻子送丈夫，晚輩送長輩外出時，彎腰行禮至看不見其背影後，才可以直起身。在比較正式的場合，無論遞物還是接物，都要用雙手。日本人大都信奉神道和佛教，除夕夜，一家人吃過年麵，要等聽「守歲」鐘聲。到了子夜，各寺廟鳴鐘 108 響，用以驅除 108 個魔鬼。日本民族有很多節日，包括成人節、敬老節、文化節以及兒童節等，兒童節還分男孩子節和女孩子節。

在國際交往時，日本人一般行握手禮，在談話的時候，常使用自謙語，貶己從而抬人。與人交談時，總是面帶微笑，婦女更是如此。日本人的飲食風格別具特色，最典型的食物要數生魚片、火鍋和壽司等，他們還喜歡中華料理和西洋料理。日本人忌紫色和綠色，認為是悲傷和不祥之色。同時，還很忌「4」，送禮時忌「9」，忌 3 人一塊合影。他們對狐

狸和獾的圖案很反感，忌用半途筷、遊動筷等，更不能將筷子直插飯中，至於用一雙筷子依次給每個人分菜餚，就更令人反感了。

　　菊花和菊花圖案是日本皇族的象徵，他們都熱衷茶道和花道，其中涉及特殊的交際禮儀。因為這裡有一整套的煮茶、泡茶和品茶的程序，茶道的選擇和欣賞、茶室書畫的布置和裝飾以及茶室的建築等都很有講究，茶道是日本人提高文化素養、修身養性和進行社交的重要手段。以「和敬清寂」為精神，花道是一種藝術，在古代還是供佛的宗教活動，如今已發展成為高雅的民間技藝。和服是日本的民族服裝，儘管如今他們出門都穿西服。日本人講究沐浴，在進對方屋門時，一定要脫掉鞋子，襪子尤其要保持乾淨。

　　日本人逢年節和生日喜歡吃紅豆飯，喜歡吃醬和醬湯，餐前餐後要一杯清茶。日本人好飲酒，不以喝醉為恥，如果宴請日本人，讓對方為自己斟酒是非常失禮的。給客人斟酒的時候，要右手持壺，左手托底，壺嘴絕不能碰到杯口。日本人把人情看得很重，如果受到了對方的贈禮，一定會找機會報答，否則，處境會非常尷尬。日本人注視別人的時候，從來都不看眼睛和臉，而是關注對方的脖子。日本人喜愛紅、白、藍、橙、黃等顏色，還非常喜愛松、竹、梅、龜等動植物，其情趣從中可見一斑。

　　在商務談判中，日本人講求引見介紹，之後換名片喝茶。這種繁瑣的禮儀可能讓人焦躁，但對日本人非常重要，他們會在喝茶的時候，透過交談，了解對方的情況。比如品味、身分以及愛好等。在日本做生意，最好不要選擇 2 月和 8 月，這是日本的商業淡季。日本人辦事情非常講求效率，他們還非常謹慎，不輕易表態，更不公開說「不」。如果日本人說「太難了」，就意味著事情毫無希望，在雙方負責人接見之前，具體事務應該由一般職員討論好，並要做出決定，此外，還要切忌不要讓負責的日本人當面做出答覆。

義大利愛爾蘭禮儀點滴

　　義大利的首都羅馬教堂多、噴泉多、雕塑多，其他古城也有引人注目的古建築、藝術品和遊覽地，該國大多數人都信奉天主教。因此，基督教三節在當地的盛況為人所矚目，他們的狂歡節在世界上也有名。義大利人在除夕放鞭炮、摔瓶子以及花盆等，他們都喜歡吃米飯麵食，菜餚都具有原汁原味的特點。酒是他們離不開的飲料，幾乎餐餐都飲。他們還都有晚睡的習慣，夜間文娛生活豐富多彩，親友之間經常跳舞聯歡，待人接物很講究情調，甚至要做到藝術的程度。

　　義大利人見面時，要握手或者以手示意，尤其應該注意

的是，大學生畢業後，一般都有頭銜，也願意別人稱其頭銜。但是，很多義大利人都不太遵守約會的時間，與他們談話可以是家庭、工作、新聞以及足球，最好不要談論政治和美國的橄欖球。和日本民族不同的是，義大利人忌諱菊花，因為那是掃墓時才帶去的花，送衣料給義大利人，不能送帶有菊花圖案的料子。跟義大利人打交道，最好不要送對方手帕，因為那將意味著離別或者擦眼淚，這都是不詳的，如果將手帕改制成絲巾，就會令他們愉快的接受。義大利首都羅馬內的梵蒂岡是世界天主教中心，在交往時，要尊重對方的宗教信仰。

　　義大利人在喝咖啡時，要往裡面兌上一部分酒，尤其願意接受葡萄酒。一到週末，義大利人大都願意駕車出動，到郊區農村、海濱或風景勝地去調劑生活。為義大利人倒酒的時候，一定不要用反手倒，這種源於黑手黨的手勢，讓他們感到勢不兩立。愛爾蘭人保留了很多古代凱爾特人的傳統，他們以熱愛音樂為自豪，和義大利人不同的是，他們大都要準時赴約，儘管其時間觀念也不強。愛爾蘭人熱情好客，到家裡做客時，要帶一束鮮花如果送巧克力、葡萄酒、蛋糕就更好了。

　　跟愛爾蘭人公事往來，最好不要贈送禮品等，這樣會降低你在他們心目中的地位。愛爾蘭人有 95% 信奉天主教，

他們以口頭流傳的形式保留了古代的詩歌曲調，人人會講很多歷史故事，他們的很多禮儀、節日和風俗都屬於非基督教的，但又都包上了基督教的外衣。不要跟愛爾蘭人談民族和宗教問題，否則會產生很多尷尬，這一點尤其應該注意。

義大利三面瀕海，海鮮非常豐富，他們願意吃生的牡蠣及蝸牛。義大利人在用餐過後，願意吃水果，也有人願意喝優酪乳。義大利的蛇節很有特色，人們手中拿著蛇，街道上爬著蛇。近年來，到愛爾蘭留學的人數日益增多，儘管不必掌握愛爾蘭語，但是，一定要掌握當地文化。如果能融入其音樂以及故事的世界中，一定能愉快交往，並全方位交流。

泰國馬來西亞禮儀點滴

泰國是著名的「黃衣國」，境內遍布千餘座寺廟，男子成年後要到寺廟當三個月以上的和尚。泰國盛產大象，認為白象是聖物和佛的化身，其生活習俗和中國南方部分省分有相近之處。泰國元旦的慶典很隆重，此外，還有求雨節和春耕節等大型典禮。泰國是一個浪漫而神祕的國度，那裡的姑娘永遠都是一張溫婉的笑臉，那裡的色彩濃豔得暈染不開。泰國尊重王室，在公共場合演奏國王頌歌時要起立；泰國尊重神舍，到任何宗教場所，均得穿著整齊，莊重嚴肅，舉止得

體；泰國尊重佛像，每尊佛像，不管大小全殘，都是神聖之物，不得褻瀆。

泰國男女在公共場所保持距離，如果過分親熱會遭白眼，泰國婦女一般不與別人握手，她們大都而是雙手合十示意，年輕人先向年長者合十致意。對泰國人來說，腳是不潔的，用腳指人、指物都是粗魯不雅的動作。他們還認為，頭是人身至高無上的部位，神聖不可侵犯。曼谷街頭到處可見佛龕，傳說最靈驗的是位於帕宏與勒恰達瑪路相交界的街頭廣場上的四面佛，這裡每天都聚集著來自世界各地的祈佑與還願的信眾，夜裡依然香火繚繞，據了解，每天來參拜的人數達 10 萬名。

泰國的夜生活格外豐富多彩，各種娛樂和表演幾乎通宵達旦，每晚都有「人妖」表演歌舞，演出結束後，觀眾可在劇院外與「人妖」合影留念，但要付小費。在泰國有多處水上市場，商販以小舢舨載滿蔬菜、水果、竹草編織品等向傍水而居的家庭售賣，討價還價並非不禮貌的舉動。泰國人大多數都以辛辣為食，他們喜歡吃咖哩，幾乎所有的菜都用咖哩調味。馬來西亞人彬彬有禮，見面時互相摩擦一下對方手心，然後雙掌合合，摸一下心窩互致問候。馬來人進屋時必脫鞋，任何人都不可觸摸馬來人的頭和背部，因為那是被看成是對他的嚴重侵犯，會給他帶來厄運。在馬來西亞，女士

不要穿太短的裙子，上身亦不要太暴露。

馬來人認為左手是不清潔的，吃飯時右手五指併攏抓飯。不能用左手接送東西。在談判交際中，對女士不可要求握手，不可隨便用食指指人。馬來西亞民族風味的飲食味道正宗，但是，到馬來西亞不要飲用未經煮沸的生水，同時自備點腸胃藥，以防水土不服。和泰國一樣，馬來西亞也是一個旅遊大國，可看可遊的地方、城市相對很多。雲頂大酒店賭場是大馬唯一合法的賭場，裡面各種賭具一應俱全，外國遊客進入要查護照，男士要穿長袖禮服、打領帶，女士要著西式服裝。

在泰國，爬上佛像攝影或採取其他對佛像不尊敬的行為，都是不能容忍的。在談判結束後或交流愉快時，拍打別人的頭部，儘管是友好的表示，也是不能允許的。在馬來西亞，也要注意類似問題，尤其不能在宴間手舞足蹈的。特別是女士不可過分地張揚，任何裸露的裝束都要加以注意，否則一定會在交際場合尷尬。

新加坡印度禮儀點滴

新加坡國土不大，人口不多，卻是一個很「厲害」的國家。新加坡是一個很現代、很時尚同時也很美麗的花園式城市，加之城市面積占國家絕大部分，因此有「城市國家」之

稱。英語、華語、馬來語、坦米爾語為新加坡官方語言，馬來語為國語，大多數的新加坡人都會使用英語和華語。馬來人和巴基斯坦人多信奉伊斯蘭教，印度人信奉印度教，華人及斯里蘭卡人多信奉佛，此外還有人信奉基督教。新加坡的自來水可直接飲用，遊客在新加坡必須隨時保持環境衛生，隨便吐痰、棄物要遭到重罰。

　　此外，在新加坡行人要走人行道和行人穿越道，翻越欄杆也要遭到罰款。新加坡食品非常豐富，大排檔是新加坡最具特色的餐飲處，類似臺灣的「夜市」。該國商店星期天關門，去市中心商業區購物應注意避開交通管制時間，否則要多付道路費。新加坡人熱愛獅子，傳說在遠古時代，亞歷山大大帝的後裔烏塔馬王子在海上航行時，船被暴風雨刮到新加坡島上，看到一頭怪獸，渾身赤紅色，頭部的毛黑亮，胸前還有一簇白毛，王子便把這個不知名的小島稱為「獅子城」，這個名字一直沿用至今。

　　新加坡大型商場的價格固定，一般商店裡購物可講價，購物一定要索要發票，因為在商品品質或服務方面受到不公正待遇，可向新加坡消費者協會投訴。新加坡商店櫥窗上貼有紅色魚尾獅標誌，表明此店為國家旅遊促進局和消費者協會推薦商店，商品品質和服務都屬上乘。印度是一個完全不同的世界，講求種姓、殺戒、再生和因果報應等，這構成印

度文明的基礎，決定印度人的日常生活。他們對食物、水、接觸和禮儀的純潔等都有要求，規定各種義務和責任，如贍養家庭，履行為結婚、出生和去世定下的儀式等等。

印度最有活動能力、富有才智的人沉浸於純粹的內心反省，發展出種種瑜伽修習，神祕主義者稱之為「啟蒙」，無神論者稱之為「自我催眠」。印度人在交談時，如果表示贊同，就把頭向左移動，反之，則點頭。印度教徒崇敬帶駝峰的黃牛，不吃牛肉，視黃牛為神牛。印度人見面雙手合十，儘管如今也用握手禮，但婦女不和男人握手。邀請印度人參加社交等活動，也應邀請其妻子，到印度人家中赴宴，應帶點時令水果，也可以給孩子帶禮物。跟印度人約會，也要事先聯繫，並且準時參加。

如果在新加坡談生意，千萬要遵守規則，否則，一定會遭到當地的峻法之罰。而且，在美麗的國度，應講求公共道德。其實，新加坡深受儒家思想影響，當地人是很講求「知書達理」的。在印度跟當地人談話，最好談論古老的文化傳統、近年來的軟體成就以及宗教的生活等。印度人用餐時分餐，每個人有一個大盤和幾個小碗，用右手拿食物，放在大盤裡，捏合在一起，然後才送入口。印度人最忌諱大家吃一個盤子裡的東西，他們以右手為尊，忌諱用左手或雙手去吃食物，此外，當地穆斯林禁止吃豬肉。

澳洲北歐禮儀點滴

　　澳洲人見面時行握手禮,握手時非常親熱,彼此稱呼名字表示友好。澳洲男子多穿西服打領帶,在正式場合打黑色領結。該國的婦女一年中大部分時間都穿裙子,在社交場合則套上西裝上衣,無論男女都喜歡穿牛仔褲。澳洲的男人們相處,感情都不能過於外露,大多數男人不喜歡緊緊擁抱或握住雙肩之類。在社交場合,忌諱打哈欠,伸懶腰等小動作。澳洲女友親吻對方的臉,以示見面的感動,稱呼當地人要說姓,接上先生,小姐或太太之類。

　　澳洲人在飲食上以吃英式西菜為主,其口味清淡,不喜油膩。他們愛喝牛奶,願意喝啤酒,對咖啡很感興趣。他們碰上陌生人都喜歡聊天,共飲一杯酒之後,就交上了朋友。在交際談判時要注意,他們辦事都爽快、認真,願意直截了當。在澳洲,男女婚前一般要訂婚,由女方家長宴請男方的家人。澳洲人的葬禮在教堂舉行,牧師主持追思禮,他們還保存著寡婦沉默的古俗。由於地理位置的原因,當地的聖誕節和元旦節不在寒冷的冬季,而在火熱的夏季。

　　澳洲是一個講求平等的社會,不以命令口氣指使別人,他們公私分得很清楚。最好不要在 12 月和 1 ～ 2 月到澳洲進行商務活動,當地大部分旅館的電話撥 0 是外線,撥 9 是

旅館總機。澳洲人信奉天主教和基督教，他們對兔子特別忌諱，認為兔子是一種不吉利的動物，人們看到牠都會感到很倒楣。與澳洲人交談時，應該多談旅行、體育運動以及到澳洲的見聞，他們注意遵守時間並珍惜時間。北歐有挪威、丹麥、冰島、瑞典和芬蘭五國，其禮儀習俗也頗具特色，比如說「順便進來坐坐」就是冰島的傳統。

在北歐五國中，丹麥人喜歡洗三溫暖飲酒，而且比較昂貴。在商務活動中，倘若招待一場三溫暖或多帶幾瓶蘇格蘭威士忌酒，便可增加談資和作為最佳饋贈。挪威人講究守時，與人談話保持一定距離，拜訪或出席家宴，要準備花或糖果等禮物送女主人，出外郊遊不驚嚇河鳥，普遍視紅色為流行色。與冰島人談話，最好不要談論私生活，因為這干涉了別人隱私。尤其應該注意的是，千萬不要在冰島給侍者小費，這會讓對方感到遭受了侮辱。冰島是一個熱愛「薩迦」的國家，當地人都以勇敢的祖先為榮，提倡多元的思維。

在商務談判中，不要試圖透過與某個別的澳洲人交朋友，就可以在公事上方便，這是一個公私很分明的國家。芬蘭人在講話中很少打手勢，他們也講求準時赴約，芬蘭人喜歡飲酒，他們都設法使客人不太拘束。有時還要邀請客人洗三溫暖，應邀到芬蘭人家做客，應該送女主人一束鮮花或糖果以及小禮物等。不要與芬蘭人談政治，也不要涉及個人薪

資等問題，那是破壞他人隱私的語言習慣，對於保持自我生活的他們來說，這是不禮貌的。

德國禮儀點滴

德國人從事商業活動，憑藉對本國產品的信心堅持己見，常以本國產品作為衡量標準。德國商人靠技巧、知識來做生意，認為公司是商業活動的場所，生意的做法是個人的。德國人不大使用支票來支付，除非有特殊原因，否則絕不會答應為了免除賒帳的麻煩而開支票。因為在當地一開支票，馬上就會出現謠傳，認為公司沒有錢只能用支票來支付等。德國人一般不會約在晚上見面，因為晚上是家人團聚的時間，德國的社會規範嚴格，他們對生活的要求極為嚴酷。宗教對德國人的性格影響深遠，德國人尊重契約，訂了之後會依約履踐。

在談判過程中，德國商人不大願意向對手做較大讓步，有時毫無討價還價餘地。德國人有巨大的科技天賦，企業的技術標準極精確，對於出售或購買的產品要求高品質。德國人參加上層社會的、文化界的招待會、宴會或外事活動等時，男子要穿禮服，女子要穿長裙。德國人在商談之前充分準備，仔細研究對方的公司，並準備回答詳細問題。德國人

寧願購買本國產品，並不是純粹出於民族主義，因為國內公司比國外公司受到更仔細的審查。不要認為你可以輕易地把具有獨特價值的產品賣給德國人，雖然這種產品是他們急需的，從談判方式上，你看不出這點。

德國談判者經常在簽訂合約之前的最後時刻，試圖讓對方降低價格，因此，最好有所提防，或者拒絕或者作出讓步。為了保護他們自己，他們甚至可能會要求對方對產品的使用期作出擔保，同時提供某種信貸。德國人善長討價還價，因為對工作一絲不苟，嚴肅認真。德國人打招呼願意加上頭銜，如博士、教授、經理等職，萬不可冒失地直呼其名。在德國做生意，面臨競爭的環境，他們會利用他人的競爭來向你的產品進行挑戰。無論你穿什麼衣裝，都不要把手放在口袋裡，因為這被認為是無禮的表現。

萬萬不能在商業談判時遲到，那樣會使德國人對你不信任的厭惡心理溢於言表，一定要準時到達，並牢記他們通常在早上 8 點以前上班，到晚上 8 點才可能下班。接德國人的電話，一定要先報自己的名字，否則被視為失禮。德國人嗜飲啤酒，婦女不自己斟酒，由身邊的男士代斟。晚輩要等長輩喝過一口再動杯，客人可以自斟，宴間往往以健康語彼此祝福。對於德國男人，過分恭維不僅會引起其反感，還會被認為是受到侮辱。與德國人交談，要多談德國文化、風光以

及足球等,不要問私生活、職業以及憂慮、疾病、煩惱等。

與德國人做生意,只要產品符合合約上的條款,就不必擔心付款的事情。德國人對商業事務極其謹慎,在人際關係上正規刻板,他們講究效率。德國談判者是很嚴肅的,不要將手放在口袋裡,這被認為是無禮的表現。德國人喜歡談論天氣,對於婦女的恭維絕不能過多,有關外表、服飾、孩子等話題是可以涉及的,儘管沒有新意,但是避免尷尬。

法國禮儀點滴

法國人給人印象是最愛國的,他們很珍惜假期,會毫不憐惜地把一年辛辛苦苦工作積存的錢在假期中花光。法國人大都早睡早起,工作密度也很高,工作態度極為認真。他們是「邊跑邊想的人種」,在談妥了 50% 的時候,就會在合約上簽名了,但昨天才簽妥的合約,也許明天又要求修改,這一點令對手頭疼。即使英語講得再好,他們也會要求用法語進行談判,且毫不讓步。法國人很珍惜人際關係,而這種性格也影響到商業上的交涉,他們只跟朋友成交大宗買賣。

法國人對自己的文化感到自豪,他們認為法語是世界上最美麗的語言,講求女士優先。在公事之餘,法國商人在晚上被邀請或邀請對方在外面舉行宴會,但無論是家庭宴會或

午餐招待，都不會被看成是交易的延伸。如果他們發覺對方有利用交際來促使商業交易順利的意圖，馬上會斷然拒絕，法國人很少考慮集體的力量，組織結構單純，商談大多由一人承擔，而且還負責決策。法國人擔任的工作範圍很廣，法國談判者為人冷淡，但不正規刻板，他們每天握手的次數比洗手的次數還要多。

法國人總是準備好一大堆冠冕堂皇的遲到理由，但是，如果對方由於什麼原因遲到，他們就很冷淡地接待。在正式宴會上，有一種非正式的習俗，主客身分越高，他就來得越遲。如果有人邀請你出席有公司總經理參加的宴會，可以預見他肯定晚到，並且宴會要推遲開始。在法國的社會交往中，外國人並不重要，因此對方的遲到不會被原諒。法國人非常健談，並且很喜歡健談的人。8月的法國不可能談生意，法國人喜歡度假，任何勸誘都不會使他們錯過或推遲假期，如果奉勸法國談判者帶著建議書度假，一定是徒勞的。

法國人在談判時一旦有足夠的經濟勢力，就逼迫對方讓步，如果協議有利，他們要求對方嚴格遵守協議；如果協定不利，他們會一意孤行地撕毀協議。這一點似乎不好理解，在商談中要注意的是，在法國的中小企業中，不懂得貿易業務的公司也為數不少。和法國人談生意，不要只談生意上的事，應該多聊聊關於社會新聞或文化等的話題，以創造富於

情感的氣氛。但是，在談判的終端，一定要用書面文字確認，而且簽約之後，還要一再地確認，和法國人建立友好關係，需要做出長時間的努力。

法國人在餐桌上很講究，最重要的女賓客，被邀請坐在男主人右側，同樣，最重要的男賓客被邀請坐在女主人的右側。法國人講究烹調，應邀出席的客人要對每一道菜表示讚賞，用餐過後向女主人道謝。如果你和法國公司多年友好，並且未發生糾紛，他們會熱忱地與你交往，以美酒佳餚招待你。另外，法國男士和女士都講究穿戴，你談生意時穿得最好的衣服，可能在法國人面前相形見絀。因此，在會談時，要盡可能穿最好的衣服。尤其要講究法國人在談判之餘的交往分寸，這一點看似不重要，實則決定大局。

俄羅斯禮儀點滴

俄羅斯有著悠久的歷史和豐富的傳統文化，當地人性格豪放開朗，願意統一行動。這個民族認為，給客人麵包和鹽是最殷勤的表示，見面時先問好，然後握手致意。朋友間行擁抱禮並親吻面頰，與人約定，講究準時，尊重女士。在交往過程中，俄羅斯人握手時，忌十字交叉形，也就是說，當他人兩手相握時，不能在其上下方再伸手，更不能依在門檻

和隔門握手。男士要為女士拉門，脫大衣，在餐桌上為女士分菜等。俄羅斯人認為「左主凶，右主吉」，無論握手還是遞還物品，都不要伸左手給對方。

俄羅斯人愛乾淨，不隨便在公共場所扔垃圾，他們還重視文化教育，喜歡藝術品和藝術欣賞。遇到老者、婦女或上級時，俄羅斯人不主動伸手，他們要等待對方。見面時，一定要保持微笑，如若冷若冰霜抑或沒有表情，對方視為冷淡的表現。俄羅斯人酒量非常大，他們最喜歡喝高度烈性酒「伏特加」。他們在稱呼女性時，不使用「太太」一詞，因為這將會引起對方的不快。不論在任何場合，俄羅斯人都認為用手指指點點是對人的莫大汙辱，面對他人，不能握成拳頭，大姆指在食指和中指間伸出，是蔑視嘲笑的粗魯行為。

此外，美國人常用的手勢「OK」，在俄羅斯是非禮的表示。稱呼俄羅斯人要稱呼其名和父名，不能只稱其姓氏，在俄羅斯做買賣，千萬不能說當地人小氣，也不要跟他們去議論第三者。在談判交往中，切忌用肩膀相互碰撞，這是極為失禮的行為。在談判桌上，不要使用「你應該」一詞，因為俄羅斯人尊重個人意見，反感別人發號施令於已。與俄羅斯人久別重逢，切不可論胖談瘦，更不能說「你發福了」之類的話。俄羅斯人忌諱別人談論其隱私，即使問一句「你去哪兒？」都會令其感到很反感。

　　贈送禮物給俄羅斯人，不得送刀和手絹，因為刀意味著交情斷絕或彼此將發生打架、爭執；手絹則象徵著離別。他們也講究女士優先，男士不能自己開門拂袖而去。俄羅斯人讓菸不能只給單支，要遞上整盒，點菸時忌諱劃一根火柴或用打火機給三個人同時點火，更不能將別人的菸拿來吸。俄羅斯人講禮貌和教養，如果遇到不道德的行為，他們往往會拒絕與對方交往。他們在用餐時，願意吃生的蔬菜，而且用餐時間比較長，在共進晚餐時，不要急於撤盤，以免引起不快。

　　由於俄羅斯是一個歷史悠久的國家，有很多由傳統習慣形成的忌諱，要特別予以注意。比如說不要在喝酒時勸酒或蓄意灌酒，儘管俄羅斯人十分貪杯，但是酒鬼遭人蔑視，故意引別人喝醉，則令人憎恨、厭惡。此外，還要注意不得在橋上或者橋下告別，這樣的告別意味著永遠地離去。而且，俄羅斯是一個熱愛動物的民族，不能在其境內用腳踢狗或其他動物。如果在街上遇到攔路狗，一定要用說話的方式將牠趕走，千萬不能做出不友好的表示。好在俄羅斯的狗聽得懂指令，牠們很願意與人交流，但是絕對拒絕受到踢打。

英國禮儀點滴

　　英國絕大部分人都信奉基督教，只有北愛爾蘭地區的一部分人信奉天主教，他們不喜歡被統稱為「英國人」，而喜歡被稱為「不列顛人」。英國人習慣握手禮，男子如戴禮帽，遇見朋友時，要微微揭起以示禮貌。英國人送新年禮物選擇煤塊，進門要把煤塊放進主人家的爐子裡，並說「祝您家的煤炭長燃不息。」英國人注重實際，不喜空談，社交場合衣著整潔，彬彬有禮，展現紳士風度。婦女穿著較正式的服裝時，通常要配帶一頂帽子，在社交場合堅持女士優先的原則。

　　英國人社交習俗特點可以這樣概括：英國客人重儀表，風度翩翩氣質好；處事穩重不隨便，謹慎小心不毛躁；社交樂於坦率，忌諱假客套；反對問他人私事，因為無須您知曉；「女士第一」最盛行，禮貌規矩不可少。英國人在社交場合特別注重禮儀，引見客人的規矩是：一般要向地位高的人引見地位低的人；向老年人引見青年人；向婦女引見男子；向已婚婦女引見未婚的青年女子。此外，他們很喜歡別人在稱呼他們時，把姓名的後面加自己的榮譽頭銜。

　　英國的祖芬格人凡是遇到喜悅，便露出與常人相反的表情，「以哭代笑」，而遇悲傷或不幸之事，他們卻「以笑代

哭」。「薔薇」在英國人的心目中，成為和平與友愛的象徵，他們十分喜愛紅胸知更鳥，稱其為「上帝之鳥」，並被公民投票定為國鳥。他們對約會不習慣提前到達，一般都很準時赴約。大都非常喜歡貓、狗等動物，把狗視為「神聖動物」、「忠誠伴侶」。英國婦女嗜茶成癖，「下午茶」幾乎成為必不可少的生活習慣，即使遇上開會，也要暫時休會而飲「下午茶」。英國人與客人初次見面時握手，男子戴帽子遇見朋友，微微把帽子揭起「點首為禮」。

在英國的現代教育中，教兒童要敬月，不可用手去指；敬星不可以數；新的一年是否吉祥如意，則寄託在第一個來訪的客人身上，若是來人善良、快樂、富有，則一定會較好運；若一個凶惡或貧窮的人來臨，則會倒楣。因此，如果在新年去拜訪英國客人，女士一定不要染成淺黃頭髮，男士最好是黑髮，這幾乎已經約定俗成了。英國人忌諱四人交叉式握手，據說會招來不幸，他們很忌諱「13」和「星期五」等，都視其為「厄運」和「凶兆」，還忌諱「3」數，尤其在點菸的時候，他們都忌諱以王室的家事作為談笑的話題。

顧問提示：英國人對「廁所」這個詞聽不慣，凡是遇到要上廁所之時，一般都愛用「對不起，我要去看我姑媽」來替代。英國人和別人談話時，以保持 50 公分以上為宜，他們不喜歡大象圖案。此外，還認為綠色會給人帶來懊喪，黑

貓會使人厭惡，忌諱把食鹽碰撒，更忌諱有人打碎玻璃，因為這預示著家中要死人或起碼有 7 年不幸。英國人忌諱百合花，並把百合花看作是死亡的象徵，忌諱在眾人面前耳語。他們忌諱有人捂著嘴看著自己笑，認為受到了侮辱，在飲食上不吃帶黏汁和過辣的菜餚；忌用味精調味；也不吃狗肉。

加拿大禮儀點滴

「加拿大」是葡萄牙語中意為「荒涼」，在印第安語中意為「棚屋」，加拿大人社交習俗特點可能這樣概括：加拿大人很友好，性格坦誠心靈巧；平易近人喜幽默，談吐風趣愛說笑；楓葉極為受崇敬，視為友誼與國寶；白色百合為喪花，「13」、「週五」惹煩惱。他們的生活包含著英、法、美的綜合特點，既有英國人那種含蓄，又有法國人那種明朗，還有美國人無拘無束的特點。他們都喜歡現代藝術、酷愛體育運動，尤其是冬季冰雪運動。

加拿大愛斯基摩人性格樂觀、慷慨大方、友善和氣、喜歡說笑，被喻為世界上「永不發怒的人」，加拿大人在社交場合，一般慣行握手禮，親吻和擁抱僅適合於熟人、親友和情人之間。在加拿大大多地方都要求遵守時刻，招待會多在飯店或夜總會舉辦，如果你在私人家裡受到款待，應該給女

主人帶鮮花，不要送白色的百合花，因為它們與葬禮連繫在一起。在談話中不要把加拿大分成講法語和講英語的兩個國家，加拿大人大多數信奉新教和羅馬天主教，少數人信奉猶太教和東正教。

加拿大人不喜歡把他們的國家和美國比較，美國的優越方面令人不能接受，當地的婦女有美容化妝習慣，他們不歡迎服務生送擦臉香巾。他們忌吃蝦醬、魚露、腐乳和臭豆腐等有怪味、腥味的食物；忌食動物內臟和腳瓜；也不愛吃辣味菜餚。加拿大人特別愛吃烤製食品，在餐具使用上，一般都習慣用刀叉。牛排以半生不熟為佳，飯後喝咖啡和吃水果，加拿大人喜歡飲酒，都樂於選擇白蘭地、威士卡和香檳酒，以及飲料中的咖啡和紅茶等。加拿大人講究實事求是，與他們交往不必過謙，否則會被認為是無能與虛偽。

加拿大人不喜歡黑色和紫色，在日常宴席上，他們慣於用雙數來安排座位。加拿大人特別重視晚餐，他們要喝原汁原味的清湯，不嗇膽固醇含量高的動物內臟，以及脂肪高的肥肉等。加拿大人信仰天主教和基督教，他們大都為歐洲的血統，節慶都是西方國家所共有的聖誕節、感恩節等。

加拿大人講究禮貌用語，他們都喜歡喝下午茶，在喝咖啡時品嘗蘋果派、起士派等甜點。他們是「楓葉之國」，楓也被視為友誼，因此，不要跟他們談論楓葉的美醜。加拿大

是一個年輕而富庶的國家，與加拿大人做生意時，要注意交流和平、友誼等話題，不要將其跟美國做生硬的比較，那樣一定會引起反感。此外，還要注意加拿大的魁北克省人講法語，其他地區人都講英語，不要就此問題作以不妥評價。

第六章
交流：在對話中增加成功指數

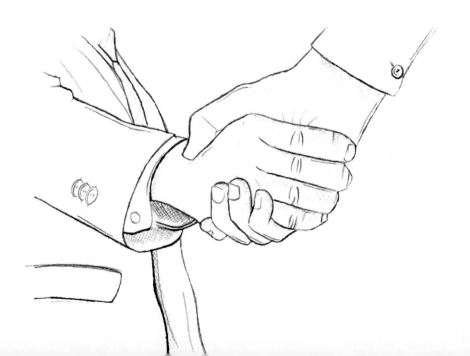

高級庸才無用武之地

　　人才市場將在不久的未來重新洗牌，人才價格跟著水漲船高，而庸才越來越無用武之地了。面對 WTO 的挑戰，很多企業都在謀劃未來，他們在召開多次會議研討之後，決定到外地招聘雇員，並已經付諸行動。這樣，有一部分高級雇員感到憂慮，他們擔心自己的位置在不久的將來受到挑戰。但是，挑戰是進步的重要源泉，只有在互相融合中才能完成國際化過程。

　　高級人才要提高自己的素養，就要不斷充電，因為平抑人才市場的「虛胖物價」已經來臨。人才要憑真本事吃飯，企業的人力成本要降低，一切都不好混了。不斷充電的前提應是熟諳基本的禮儀常識，特別是在會場上如何談想法，已經成為技巧。受過什麼教育，有什麼樣的文憑，能說幾國外語等模式所選定的高級庸才，已經不被看好了。當代人才要有時代精神，視野要更開闊，懂得合作的基本禮儀。高級庸才的減少會使得員工和優秀的人共事的機會增加，出局的只會是濫竽充數的人，這將帶動人才市場進入良性循環。

　　擁有國際化視野和經驗，就要清楚各國的基本禮儀，跨國公司的人才理念是全球化。一般上班族的工作將呈自由流動的趨勢，如果了解獵頭公司交往策略，就能夠不斷找到好

機會。當代上班族不要擠破頭去搶奪有限的好職位，而應該選擇有挑戰的工作鍛鍊自己，擴展視野，提升自己所學知識以外的能量。當代禮儀的基本原則是自由、公平、自律，要有寬容的美德，有容忍的雅量，多替他人考慮。特別是在會議上不要惡意攻擊，要和風細雨地加以探討，嚴於律己，寬以待人，是為人處世的較高境界，也是有較高修養的表現。

對於科技時代的上班族們來說，整潔、合體、莊重的衣著，大方的舉止，彬彬有禮的神態可能會帶來意想不到的收穫。因為如今的職場不僅要求向上的打拚，還要求構造美的生活，展示生命的風度。在談判交際中，「不失足於人，不失態於人，不失口於人。」只有這樣，才不至於走向平庸世俗，才不會對他人求全責備。殊不知，「寬則得眾」，理解體諒他人，接受批評意見，實為大智之舉。所以說，不斷充電的高級庸才們還大有指望，因為對禮儀的熟諳於心，很可能在一定程度上重新成就了一個人。

曾有社會心理學家做過一項試驗：在兩組受試者中，加以不同的服飾處理，一組看起來風度翩翩，而另一組則隨便、邋遢，並令其分別在走路時違反交通規則，結果是第一組的尾隨者遠遠超過第二組。由此可見，在講究都市節奏的高級職場，管理者不會歡迎不講禮儀的高級庸才，而真正的英才一定是禮儀的典範。當然，在交際過程中，不必對他人

的禮儀過於在意，但是，對於自身一定要嚴格地要求，這絕
非興災樂禍之句，而實在是尊重他人與尊重自己的雙重選擇。

走進展覽會現場

　　「展覽會」是展覽特色產品、藝術品的盛會，參加展覽會
是參加一場交流與學習的盛會，獲得知識和資訊，受到陶冶
和感化等都是展覽會的巨大魅力。展覽會有展覽會的規則秩
序，只有參與者都能自覺遵守並主動維護，大家才能真正體
會到展覽會的魅力，並從中獲得自己想要的。所以，進展覽
會現場，我們該怎麼做，該做什麼，不該做什麼就成為一個
尤為重要的問題。

　　走進展覽會現場，難免會被琳琅滿目的藝術品，新異的
科技產品所折服，而觀眾中也難免有控制不住自己情感的，
所以，我們經常會在展覽會現場聽到「嗚哇」的叫聲，這是
一種極不禮貌的表達情感的方式，因為現場不只是你一個
人，其他觀眾可能需要安靜去思索，去細細品味。所以，在
展覽會現場最重要一點就是保持安靜，盡量壓你的分貝，給
大家創造一個平和的觀賞環境。

　　在展覽會現場，還要認真聽導覽員的講解。不管你對展
覽的物品有多大程度的了解，在導覽員講解時，都要認真地

聽，這是對導覽員的尊重，也是對其他參觀者的尊重。在遇到不明事宜或沒聽明白之處，不要即刻打斷導覽員。待導覽員講完之後，你可以找適當時候向他諮詢，態度要誠懇，語氣要委婉，避免讓導覽員誤解你是在刁難他，或者對他講解的內容不信服。對於導覽員分發的產品介紹書等說明傳單，不管你需不需要，感不感興趣，都不要隨地亂扔。走出展覽會現場後，你再自行處理。

另外，在展覽會現場要講公共道德和公共準則。不抽菸，不亂扔雜物，不隨地吐痰，不大聲喧嘩等都是必須做到的，為給自己和大家創造一個良好優雅的參觀環境。除了這些，尤為要注意的就是和同伴一起參觀展覽，如遇到志同道合的意見和想法，不要像在其他場合那樣大聲愉快地交流，發出共鳴般的各種聲音。小聲交流心得即可。公共道德是必須要遵守的，違反者必會遭到不恥和同行者的反感和抵制。

在展覽會的現場，肯定會遇到你十分喜愛並衷情的物品，但無論怎麼喜愛，都不能破了規矩「觸犯」它，比如摸摸它的質地、感受它的藝術感覺等，一切都要嚴格按照展覽會的要求辦理。在展覽會的現場，也是發展你人際關係的重要場合，因為在那裡你很容易發現和你志趣相投，並願意合作的人。所以，在展覽會不要過於掩飾自己，可以暢快地表達想法，說不定就可以和某人的觀點一拍即合。那些曲高和

寡，志趣古異的人很多都能從展覽會場這塊寶地中找到知己，找到最佳的合作對象。所以，這是容易被忽視的利益點也是具有開發價值的利益點。

展覽會是塊寶地，你盡可能從中得到想要的東西，但要得到必得有付出。為此而遵守公共道德，講究公益情懷，嚴格按要求辦事。

座談會上的氣氛

營造良好的座談會氣氛，要注意以下幾點：

➤ 參與態度要真誠、友善，本著學習和交流的動機參與，有見解、有熱情、有禮貌，講效果。大家輪流發表意見，互相討論，誰都希望自己的意見，想法得到肯定和贊同，切記要「以一種友善的方式開始」。否則，火藥味十足開始了你的開場白，也能引起大家的注意，但伴隨而來的也是大家的反感和抵制，不僅破壞了會場的氣氛，也很可能使你的交際形象立即減色失輝。

➤ 巧妙地把你的見解表達出來。其實，要讓別人接受你的想法、見解、觀點，平鋪直敘地講事實是不夠的，你說話表達的語氣、神情、動作以及講述事實的方式都能抓取住其他聽眾的心，大家才能接受贊同你的想法。語

氣、神情、動作的基本要求是真誠、大方，此外還應該
有點幽默。講述事實的方式很重要，最佳方式是戲劇性
的表達。電視尤其是商品廣告都是以戲劇性的手法表現
事物的，它能有效地引起人們的注意，學會用這種方法
把你的見解巧妙地表達出來。

➤ 調動其他人侃侃而談，做一個受歡迎的引導者和傾聽
者。座談會上的人不可能哪一個都健談，很可能說著說
著，不善言談或搶不上話的人就會被忽視了，他們的心
情可以預料，座談會很可能因為他們迅速冷卻下來，所
以，座談會上總少不了循循善誘的引導者，讓找不到機
會表達自己的人痛快地表達出來，同時，引導者還要有
傾聽者，對於喋喋不休和囉哩囉嗦的解釋，要有耐心傾
聽，並作出恰當簡練的總結，這樣就可能成為座談會中
的權威人物，別人對你的觀點也樂意接受，可能出於感
激，也可能出於回報和尊重。不管怎樣，做一個引導者
和傾聽者，對人對己都有利無害。

➤ 敢於承認錯誤，不要爭鬥。座談會中出現針鋒相對的
觀點在所難免，但不要爭辯，因為「你無法在爭論中獲
勝，只會樹立論敵，十之八九爭論的結果會使雙方比以
前更加相信自己是絕對正確」；因為「用爭鬥的方法，你
絕不會得到滿意的結果。但是用讓步的方法，會收到比

預期高出很多的效果」。當我們對的時候，我們就要試著溫和地、藝術地使對方同意我們的看法，而當我們錯了，就要迅速而熱誠地承認，強調奪強的爭辯只會勞神傷心，傷了和氣，壞了氣氛，對誰都不好。從爭論中獲勝的唯一祕訣，就是避論爭論。

➤ 不爭論，不代表不討論；有討論，有交流才會有進步。座談會上最忌諱各自陳述各自的觀點，不理會其他人的意見，而是固執地堅持自己的意見。大家把觀點都攤在桌面上，敞開著談，才能談出東西來。

➤ 座談會的氣氛是多方面因素共同打造的，除了明事理、講禮貌的人為因素，還要有適宜的地方和環境，沁香的茶水，新鮮悅目的水果甚至都是不可少的。

當今社會人與人之間的溝通交流越來越重要，各式各樣的會議其作用舉足輕重，座談會需要講究融洽、和諧的氣氛，其他會議又何嘗不是？

確立自我的評價標準

一般意義上講，上班族必須具有百折不撓的韌性，時刻保持冷靜、靈活的頭腦，在變化中採取策略。要有一雙「數字眼」，準確地衡量風險值，豐富自己的理財經驗。上班族應

該具有商業頭腦，必須對所處的市場環境、公司情況、相關政策等有所了解，在知己知彼中百戰不殆。上班族要有洞察力和前瞻水準，從浩如煙海的資訊中識別最有潛力的創意，善於掌握資訊，要在未確知全部情況時就做出判斷，勇於承擔可能發生的後果。上班族要有策略性的目光，清楚客戶的喜好和選擇，與上司、下屬或同事以及公司內外的各種人保持良好的溝通，而不至於陷入孤軍奮戰的局面。上班族的「人氣指數」必須不斷提升，並且隨時充電，總結經驗教訓。

當然，這並不是上班族的確切標準。但是，標準的範圍必須確立。上班族要想獲得成功，必須注重自我修養，誠實可靠的信譽，獨立判斷的水準。如果一味地隨波逐流，上班族的價值就不會展現得突出。對於確立的標準，都要在努力中逐漸靠近。在對資訊的掌握上，上班族要做的是，有選擇地閱讀，並專注於綜合性報刊，檢索一般性的新聞索引，盡量加快閱讀的速度，在文章的角落做標記，忽略你不感興趣或者無法閱讀的刊物，切忌重複閱讀，並充分地利用網路和圖書館。長此以往，普通人就會形成上班族的習慣，逐漸進入這白領階層。和掌握資訊一樣，其他行業大抵都是如此。

生活中很多人都不知道自己為什麼活著，這是一個難以回答的終極問題，但是，也涉及到生活計畫紊亂、奮鬥目標不明確等問題。事實證明，不明確的自我評價標準會把自己

引向失誤的邊緣。完美的工作源自你對工作的理解、對自我的正確認知和審時度勢的本領。隨著現代社會的不斷發展，上班族確立的評價標準應該不斷地改進。個人發展和企業前景的考慮應該超出薪水等因素。人們不能單純透過薪水的高低來衡量上班族的價值，還要為到達理想的彼岸多做考慮。

當然，對工作的認知與人的世界觀和價值觀有關。其中沒有固定的標準。但是，我們做白領所要得到的正是透過這一階層提供發揮和提高才能的機會，克服自我中心的意識，提供生存所需的產品和服務。如果這些提升的標準不能在這一行當中得到實現，那麼，上班族注定選擇跳槽，從而尋找到在自己看來更富有意義的生活。為此，上班族要保持足夠的注意力，同時屏棄墨守陳規。並不斷地進行自我教育。上班族在確立標準之後，會更加了解自己。在遇到挫折時，懂得如何去克服困難。

必須承認，人們只有在壓力中產生動力，才能擺脫惰性的糾纏，這個壓力往往源於標準。愛默生告訴我們，「坐在舒適軟墊上的人容易睡去。」一旦了解身後的人在追趕自己，前面的人離自己越來越遙遠，你還能原地不動嗎？所以，我們有時候就會覺得，敵人最終竟造就了自己，那其實是因為我們為此不斷提高做人的標準，不斷成長的緣故而已。

失敗是一種疾病

　　尼安德塔人一輩子也不分析句子，他們憑著抑揚頓挫的聲音和語調嚇跑敵人，打動少女的心扉。他們並沒有多少知識，更不懂得任何現代技能，但是，他們是健康的。如果這些健康人透過知識的醞釀，完全可以建立成熟的成功體系。

　　失敗這種疾病最常見的表現就是，你一直害怕失敗，忍受不了失敗後的打擊，時刻都渴望成功，可偏偏不知道如何去努力。因此，大多數失敗的人都安於現狀，甚至放棄了努力，使自己得到成功。殊不知，成功是一種本能，也是人人具有的權利。任何人生活一輩子都不可能體驗不到成功的感覺，人與人之間的差別主要是成功次數的多少。所有的成功都源於心靈，生活是由意識支撐的，我們必須對人生加以設計。其實，使你遭受失敗的正是自己思想意識上的失敗，這種內在精神狀態的欠缺剝奪了你成功的權利。

　　如果調整一種思考方式，失敗也是向上的階梯，正所謂失敗是成功之母。跌倒以後立即站起來，是所有偉人成功的法寶。要想成功，必須克服自卑情結。真正的白領階層無法忍受的正是失敗。他們儘管失敗了很多次，但是，就是不相信再試也徒勞無益，拒絕陷入頹廢的狀態。他們不斷地發問又不斷地回答自己：「為什麼失敗？」，「因為要獲取更大的成

功！」在這個意義上講，他們從未失敗過。他們在擁有自身的工作背景基礎上，學習正規的規範運作模式，借鑒成熟的經驗，避免不必要的彎路。最終注定成為成功者。

意識到失敗是一種疾病，就應該給失敗開藥方。其實，失敗符合人性，生活中哪一條路都有著九九八十一難。況且，人在江湖身不由己，來自環境的衝擊、同行的挑戰、自身的危機都可能導致失敗。只要是人，就可能經受失敗，人們也恰恰是在失敗中找到實現的方法。為此，你要冷靜地找出失敗的原因，有多少是因為自身的努力不夠，有多少是外部環境造成，其中什麼能夠克服，什麼必須繞道而行。而且，你應該樂觀地對待失敗經歷，避免莫名地不安，同時要把解決問題的辦法具體化，最好是一一寫在紙上，列出改善的步驟，這樣，就會全力以赴地擺脫失敗的糾纏，向著健康的成功邁進。因此，健康的人能夠實現自我治療，關在辦公室裡他們總是提醒自己，不要忙得迷失了自我。

時時充滿希望，這是我們必須保持的狀態，因為人是靠希望來支撐的，應該對未來的目標做出預見。上班族遠不是詩性的群體，但卻是最務實的。準上班族總是不感到風光，總有隱痛在心頭。他們在失敗中擔憂，自己在通往白領階層的路上是否「遊人止步」。長此以往，處世的疾病很多轉化為身體的疾病。

　　要想進入創業者的黃金時代，使年輕的創業夢做得有聲有色，我們就得在失敗和成功之間做出決斷。至少，我們要成為我們自己。從而集中精力、目標專一地操作一件事情，在職場上一路攀升，一段時間過後，成功注定會向你招手。

跳到理想的彼岸

　　隨著年齡、學歷、閱歷的增長，上班族不能等待歲月的蹉跎，以至於被職業淘汰。一旦時機成熟，注定跳到理想的彼岸，比如說環境壓抑。如果職位和薪酬的調整總是不如人意，上班族就必須選擇更適合發揮自己專長的公司，實現嶄新的價值，追求發展的最大空間。對自身的永不滿足感是最常見的跳槽態度。由於受教育程度的提高，向高層次甚至國外流動的願望就逐漸強烈。

　　樹挪死，人挪活。上班族總是抱怨自己選錯行業，當然，這也是非常客觀的。由於初來乍到，對自己和職業世界都不了解。一切從興趣出發，忽略了性格和能力能否適應。此後，隨著自修和對職業培訓的領悟，上班族開始改變自己。如果律師、記者、推銷員等外向型職業不合適，他們就希望轉到研究人員、會計、資料管理員中去，從而更好地發揮自己的才能。注意，企業大小並不構成決定要素。應該透

過企業和個人發展的態勢，來確定跳槽的重心。這裡最簡單的技巧就是：大型企業選文化，中型企業選行業，小型企業選老闆。

如果不能迅速理解和適應大企業文化，就要考慮中等規模企業的行業有沒有自己的生存空間，實在不行，只能把風險押在小型企業老闆的工作風格和人格魅力上。如果具備嫻熟的外語和足夠大的競爭力，可以考慮出國發展。透過學習國際先進技術和經營理念，開闊眼界和知識，為上班族生涯寫下閃光的一筆。

不論上班族如何選擇理想職業，都必須保持責任感。因為職場的用人準則是積極進取、善於創新、與人為善，沒有責任感是不能實現這些準則的。藍領和準上班族要想跳到白領階層的岸上，首先就要完善自己的責任感。員工是企業的主人，如果缺乏對企業的忠誠，把職場當作跳板、墊腳石，就難以履行自己的責任和權利，這樣的人是不可能發自內心地考慮企業的興衰的。如果這樣的話，他們跳到哪裡都一樣。要知道，責任感使所有企業考察員工的標準。沒有品牌意識，白領只能是領白心不白，也就不算真正的白領。

上班族的責任感是城市文明的一種象徵。在這個什麼時候都不能掉以輕心的時代，任何人只能依靠自己的責任感在職場上打拚，像陀螺一樣飛快地轉動，獲得升遷和加薪的快

樂。後路太寬，有時候造成人節節敗退。

與其沒完沒了地跳槽，不如踏踏實實地把工作做好。其他想成為上班族的人也不要太心急，如果沒有足夠的能量，跳不好會跳到水裡，弄得一身溼。上天不會薄待任何一個保持平常心的人，其實，越打拚越快樂，感覺都是在不知不覺中找到的。

給自己提建議

人要培養一種高雅的愛好，改善並提高自己的談吐……類似的建議不勝枚舉，關鍵看你需要什麼。要給自己提幾條建議，只要建議恰當，都會受到不凡的效果。

接受自己的建議之後，要採取具體的行動。舉個例子來說，一個木訥的人要學會讚美別人，要經過自己的琢磨和謹慎的實踐。對一個生意人來說，如果說他學問深、道德高尚、清廉自守、樂道安貧，他一定無動於衷，那麼，你就要說他才能出眾、手腕靈活、現在紅光滿面，將來發財滾滾；對於一個官員來說，如果說他生財有道，定發大財，他一定不高興，那麼，你就要說他為國為民，一身清正，廉潔自持，勞苦功高；同樣的道理，對於一個文人來說，如果說他學有根底，筆底生花，思想正確，寧靜淡泊，他聽了一定會高興的。

　　此外，有的人稱讚別人往往是直接的，有的人卻當著第三者去讚揚第二者，後者的收效常常比前者好。比如你見到 A 君說：「前幾天我和 B 君談起你老兄的事，他對你推崇極了。」姑且不論 B 君是否當真向你推崇過 A 君，反正 A 君根本就不會去「調查是否屬實」的。正如蕭伯納所說：「人們最想知道的事，常與自己無關」，這句話與「事不關己高高掛起」看似相悖，實則同一，當你向 A 君稱讚過他，他感謝的不是 B 君而是你。如果你想讚美一個人，而又找不到他有什麼值得稱讚之處，那麼你可以讚美他的親人，或者和他有關的事物。因為我們都懂得推想到自己以外的事物上，因此，你可以讚美對方的兒子讀書用功，太太漂亮賢慧，居室夠氣派……更何況，一切都和事實相符。

　　讚美不是阿諛。辛勤的工作成績、心愛的寵物、費心血的設計都渴望得到讚美。士為知己者用、女為悅己者容。不流於陷媚的讚美，不僅無傷人格，而且會得人歡心。讚美是這樣，其他事情大同小異。值得注意的是，每個人都有懶惰的基因，是不斷地提建議，還是得過且過，這是一個問題。其實，提建議的過程就是對人生加以規劃設計的過程，人生的所有事情幾乎都可以進行設計。對自己命運的設計，在設計產品方案同時實現，除了無法建議長生不老之外，我們必須不斷突破自己、掌握自己。在衣著筆挺、神色謙恭地出入

辦公室的時候，我們不能忘了自己姓什麼。

我們要學會自我批評和教育。當失敗的和田一夫使「八佰伴」聲譽鵲起時，並沒有過多的歡欣鼓舞，而是仍然反思自己。失敗完全是自己的責任，不能怪罪任何人。我們必須使自己從情緒的動物轉變成邏輯的動物。此外，還應該謙虛地接受別人的建議，即使是敵人的鄙視也應該當作建議接受，從而不斷地豐富自己。

「你不能阻止憂傷之鳥飛過你的頭頂，但可以防止牠們在你的頭髮裡築巢。」正向看待建議，長此以往，你就會引爆自己的潛能，發掘生命的水源，這樣，心態漸漸變得平和，既不會去嫉妒別人，也不擔憂別人的嫉妒，自然也成了自信的人。

發揮自己的最大潛能

調動自身最大的能動性，充分展現你的人生價值，才會無怨無悔！生活在職場上，要充分發揮自己的長處，從而脫穎而出。其實，任何人都有優缺點，假若你天生不善詩書，卻生得虎背熊腰，找體力型工作的地方做，別人只能扛 50 公斤，你能扛 150 公斤，你就比他成功。就這麼簡單，但你若是軟體工程師，才華橫溢就是你應該具備的根本素養，充分挖掘你的才能，就會成為軟體公司的座上客。如果以長遠角

度看世界，賺錢的多少並不重要，才華有無也不是關鍵，關鍵是你能否在工作中發揮你最大的潛能。

在知識經濟時代，重要的問題是，才華如何轉化為能力。如果得到有「才華」的評價，人們一定會視其為褒獎之詞；如果在「才華」之後加上「橫溢」來修飾，那麼這樣的褒獎之詞就算得上對一個人才華的高度評價了。然而，得到最高褒獎未必是對一個人的最高肯定，才華橫溢的人，無論是專才還是全才，都如一件積聚人類智慧的高科技產品，只有顯現其應用價值，才能算作有用。科學技術要轉化成為生產力，才華橫溢的人未必能力橫溢；而能力橫溢的人也不見得其才華橫溢。人才的價值以及職場上衡量成功的標準又何嘗不是如此呢？

崇尚以人為本的時代造就了很多才華橫溢的英雄，他們以自身卓越不凡的能力擔當其各自領域的先鋒，盡顯才華；然而還有很多才華橫溢之人無用武之地，甚至為生活所困，進入潦倒狀態而不自拔。究其原因，無不是一個人的「能力」所致的。現實的尺度在自覺、不自覺地使人們意識到才華與能力兩者之間並不等同，最高褒獎之詞決沒有最高肯定之意的價值大。其實，關鍵是看人才是「務虛」還是「務實」，不要忘記讓橫溢的才華找到發揮的空間。此外，人還要做有個性的自我。有時，當才華橫溢之人躊躇滿志地試圖大展拳

腳、盡施才華時，世事也未必盡如人意。

自命不凡的人才在進入工作角色的時候，總是發覺現實與理想有很大距離，於是才華與能力往往找不到最佳結合點，兩者之間的衝突往往讓人感到痛苦。在有了相對穩定的工作舞臺的時候，他們理想的追求與生活的馳騁總是不合拍，於是怨天尤人、懷才不遇的種種感覺就產生了。其實，人生大可不必如此，任何人都有優勢和劣勢。如果沒有足夠的適應的能力，很多理念難以得到實踐，如果保有良好的業績，並且始終努力地工作，同時具備創造力，提升和加薪自然會來得更快。

自命不凡的人一定要考慮到遙遠或不遙遠的將來，至少在現實生活中不要異想天開，不要在自身能力不足時，和上司大談你正在貸款，而且有買車、買房等問題。生活中有一個值得與否的問題，任何人都要證明自己是否值得加薪，而不是是否需要加薪。當然，好人才自有大展宏圖的一天，如果你有足夠的掌握，談薪水的時候就不要不好意思，而要理直氣壯。要不斷鼓勵自己，先說服了自己，你才有可能說服上司。

關於「本領」的挑戰

時下，有一本談迎接挑戰的書非常熱門，名字叫《本領恐慌》。儘管此前有很多青年學者、作家，寫了很多「挑戰」性的書，向書本知識挑戰，向學問教條挑戰，向模式思維、模式情感、模式語言挑戰……但是《本領恐慌》令人由衷欣賞。因為該書對當前文化、知識現象的挑戰，確實扼住了挑戰的喉嚨，刺中了挑戰的動脈。正視並強調了當今世界的「本領恐慌」，對知識膨脹與智慧萎縮的同步這一社會態勢，表示了十分可貴的憂患。讀者諸君自然能夠從中產生「本領恐慌」的重視和警覺，發揮、拓展、引申自身知識，找來發展的端倪。

如今的都市上班族應該在思考取向上有兩個側重：一是在「知識」與「本領」的天平兩方，或在知識累積和智慧形成兩者之間，看重的不可能不是後者；另一個是將智慧、本領的複雜解義凝鍊為三個綱要，即「如何學」、「學什麼」、「怎麼學」，應該一反陳規地認為：三種活動都有實現「最佳化」問題，將「最佳化」提高到認知的高度。青春的生命應該昂揚、有生機，應該突出的精神品格是對既成而浮泛的流行知識的挑戰，至少可以造成對傳統成功觀的「譁變」。其實，「死知識」、「仿知識」、「奢知識」、「偽知識」一經堆積過剩，無

法構成真實智慧、堅實本領、切實才情的有益要素。

《本領恐慌》解析了文化「負效應」，也給人帶來很多啟示，至少要考慮「本領」的意義。有時牽一髮而動全身，而貪圖安逸高高在上的姿態很上癮也很疲勞，公司的向心力逐漸就流失了。殊不知，外企是年輕人的戰場，每天十幾個小時的緊張工作，費力在各地奔波，不敢有一刻放鬆。別看今天風風光光坐在這裡，兩年之後坐在哪裡很難預測，因為這個世界變化太快，明天的企業往何處去，個人無法控制，能掌握的只有提高自己的實力，以強硬的「金鋼之身」迎接風雨挑戰。

要在跨國企業一路攀升，從進入一家公司開始，就應該深層次打造自己。以便在心中留有良好的先入為主、拂之不去的「第一印象」，為此，應該注意的幾方面是：

➤ 衣著整潔、儀態大方，衣著應該和身分相符，不能過於花俏時髦；

➤ 待人接物，舉止得體，說話做事講求禮貌，要善於傾聽別人的言論；

➤ 工作認真，踏實肯做，做事要善始善終，切忌丟三落四、虎頭蛇尾，對體力勞動不能輕視；

➤ 講信用、守紀律，為人處世一定要守信用，如確實因客觀原因未能做到，一定要使對方理解；

> 不以事小而不為，不要因小而失大，往往看似不起眼的日常小事給人留下的印象最深，不能長時間地接打私人電話，不要在辦公室接待親朋好友，不要隨意翻看他人辦公桌的公文信件等。

對「本領」的挑戰融會在細節中，使之成為自覺的行為，一個人的綜合素養都反映在日常生活中。只要累積提高，做事講求禮節，一定會迴避來自「本領」的恐慌。生活是一條永恆的河流，面對競爭機制，唯一的辦法就是用知識來證實自己。

提高提問的技巧

在社會交往中，很多人往往因不善於提問而失去機會，甚至使交談失敗。「善問者能過高山，不善問者迷於平原」，職場中人應該掌握最基本的談話技巧。如果是連珠炮似地發問，「你是哪裡人？」、「你薪水多少？」、「你有男朋友嗎？」諸如此類，往往會使人難以招架，甚至引得對方十分反感，拂袖而去。其實，提問也就是一種交談，應該注意如下的問題：

> 力戒口頭禪，注意談吐有禮，措詞雅潔；
> 不打斷對方談話，不輕易插嘴；

➤ 勿打哈欠抓耳挖腮，搔首擺膝搖頭；

➤ 勿對別人講話持冷漠的態度，如斜視、看書、看報等；

➤ 說話要面對談話的人，不要自我吹噓信口開河；

➤ 不要貿然問薪水多少，同樣不要隨便問年齡和地址；

➤ 在抽菸的時候，不要朝著別人的臉吐煙霧；

➤ 當咳嗽打噴嚏時用手帕捂住嘴；

➤ 在別人家中拜訪時，不要逗留得太久，要視情況適當掌握時間；

➤ 路上遇見長者，不論師長、親戚，都應主動招呼，並且禮貌地加以問候。

此外，在社會交往中還應該做到「善問」，其中最基本的技巧有：

1. 由此及彼地問，避開中心問題，從對方熟悉而願意回答的問題入手，邊問邊巧妙地引出正題；

2. 因人而異地問，對性格直爽者開門見山；對脾氣倔強者迂迴曲折；對平輩或晚輩真誠坦率；對文化較低者問得通俗；對心有煩惱者體貼諒解；

3. 胸有成竹地問，重要的交談要想好順序，先問後問最後問什麼，總體上都要問清什麼，心中要有個通盤考慮，力求發問的最佳效果；

4. 適可而止地問，問答是雙邊活動，而且要察顏觀色，從對方表情中獲得資訊回饋。對方低頭不語或者答非所問，就要換個提法再問；對方面露難色或有疲勞厭倦感，就應適時停止。不要冒昧地問收入、家庭財產、個人履歷等；

5. 彬彬有禮地問，恰當地使用表示尊重的敬語，比如說「請教」、「請問」、「請指點」等；恰當地使用表示謙恭的謙語，比如說「多謝你提醒」、「您的話使我茅塞頓開」、「給您添麻煩了」等，在對方答話離題太遠時，要用委婉語控制話題，比如說「請允許我打斷一下，」、「這些事你說得很有意思，今後我還想請教，不過我仍希望再談談開頭提的問題」等，自然地把話題引過來。

此外，問話時不要板起面孔。別忘了「笑容是你的財產」，微笑著問話會使人樂於回答。

如果是第一次近距離地交談，自我介紹的態度以及方式十分重要，要在提問之前，表示自己渴望認識對方的真誠情感。這是提問的前奏，任何人都以被他人重視為榮幸，如果你態度熱忱，對方也會熱忱。在做自我介紹時，應善於用眼神去表達自己的友善，增強溝通的渴望。在每次提問或提出每個問題之前，都要口頭加重語氣重複對方的名字，因為每個人最樂意聽到自己的名字。也要讓回答者記住你的名字，否則會降低問答成功的指數，使雙方難以掌握彼此。

找到雙贏的話題

　　沉默、老實和木訥已經不再是有出息的象徵，語言交流的障礙會使人帶來很多交往的弊端，使得成功與你擦肩而過。其實，創作文章有了好題目，往往會文思泉湧，一揮而就；交談有了好話題，常能使談話融洽自如。好話題是交談的媒介，深入細談的基礎，縱情暢談的開端。那麼，如何在談話中打開話題？首先要確定話題的標準，高品質的話題至少是熟悉、能談愛談並有展開探討的餘地。好的話題要有利於雙贏，一個巴掌拍不出名堂，自我沉浸在一種良好的感覺中是一種自欺欺人的鬧劇。

　　找到好話題的方法是：

> **中心開花法**：選擇眾人關心的事件，圍繞人們的注意，引出大家的議論，導致「語花」四濺。提出這樣的話題，要使得大家議論紛紛，甚至補敘自己所知道的情節，發表對失職者的意見，談論職業道德的重要；

> **即興引入法**：巧妙地借用彼時、彼地、彼人的材料，借此引發交談。巧妙的一句話要引來對方滔滔的講述，抒發豪情，此外，善於借對方的服飾、居室等即興引出話題，效果也都很好；

> **投石問路法**：探明水的深淺再前進，就能較有把握地過

河。與陌生人交談，略有了解後再有目的地交談，便能談得投機；

> **循趣入題法**：循著對方的興趣，能夠順利地找到話題，因為感興趣的事，總是最有話可談、最樂於談的，也可借此大開眼界。

要知道，引出話題的方法還能舉出很多，比如說「借事生題法」、「由情入題法」、「即景出題法」等。話題的意義在於交流，切忌自己獨自談論不停，那樣就失去了意義。話題重點在引，目的在匯出對方的話，這一點至關重要。如果要到別人家中交談，還要掌握做客的禮儀，以免為人生厭。進入客廳之前應敲門，未聽到「請進」，不要隨意闖入；對方未請坐時，不要反客為主；雨天造訪，還要注意雨傘等應留於室外或主人指定處；如果沒有在事前預約，遇到主人有事，應該立即告辭；如果主人不在家，可以留個便條；有時可能還看到自己並非唯一的客人，當舊客離去時，你作為新客應起立相送；尤其值得注意的是，室中珍貴之物，未經主人允許，不要拿起來耍弄；就座也不要過於隨意，當然，也不必過於拘束，使得主人尷尬；交流要充分，切不可始終默不作聲；此外，「既來之，則安之」，不要時常看手錶，或做出心煩意亂的樣子。

如果造訪的客人初識，無論有多麼投機，最好都不要久

坐。如果要請教的人已經入院治療，則應注意安靜，無論自己多麼的焦急，都要尊重醫護人員意見。當親朋好友、同事同學、老師生病，去探望的時候，遇到好的話題，也不應該久談。對於不了解的人，最好不貿然造訪，當告辭之後，不要拖拖拉拉，應該立即起身。其實，人們都非常關注自己，所有的話題都應從對方角度提出，從而獲得良好的回饋，過於自我往往事倍功半，這一點至關重要。

商品推銷禮儀

推銷是推銷員與顧客之間從陌生到接近的過程，想讓對方在短時間內信任你，並購買你的商品，絕不是一件容易事。可是，全世界成千上萬的推銷專家告訴我們，只要把事情做到「禮」上，有些事情就能一蹴而就。這給我們提供了很多啟示。

> ➤ 必須給顧客舒適的第一印象。初次見面，我們都容易以貌取人，試想，當你穿著不大方合體，蓬頭垢面地敲開顧客的房門，肯定遭到對方的懷疑，他們可能因為你的相貌，把你拒之門外。相反，如果保持良好的精神面貌，保持誠懇、尊重、自信、熱情的態度，顧客的防備心理就會逐漸淡漠。這時，你就可以大方地遞上名片，

介紹自己的姓名、身分和產品。最後，適當地讚美對方的眼力。即使遭到拒絕，也要保持心平氣和，從容不迫的良好禮儀，說一聲「打擾了」，對方可能突然感到不好意思，繼而購買你的商品。

➤ 如果想推銷大宗商品，就必須首先預約。無論是電話預約、信函預約、郵件預約，還是當面約見，都要注意措詞的禮貌、得體。言詞生硬給人失禮的感覺，一旦對方覺得自己沒有受到足夠的尊重，就會拒絕你的商品。如果事先聯繫好顧客，那麼，事情就更好辦了。為此，你還要出於禮貌，讓對方確定約見的時間、地點，最好是在天氣良好、對方情緒舒暢的時候，時間一旦確定，你就務必按時到達，絕不可失約。地點也很重要，環境氣氛很容易影響對方的判斷，如果能夠營造一個舒適、溫馨的空間，奇蹟就可能發生。

➤ 見面之後，推銷員要從始至終地尊重顧客，耐心細緻地介紹商品，在這個過程中，要禮貌地了解對方的看法，不要滔滔不絕、侃侃而談。此外，要客觀地介紹商品優點。如果能稍微介紹商品的不足之處，能增強對方的信任感。一旦顧客提出的異議，應該熱心地解釋說明，不能避而不答或含糊其詞。如果顧客的提出技術性很強的問題，也不要匆忙應答，為此，應該查閱資料或請教專

業人員。切忌不要急於催促對方購買，更不要與顧客爭辯甚至爭吵，如果面露不屑與不悅，推銷注定不會有好的結果。

➤ 推銷成功並不意味著交易的結束，這時，對禮儀的掌握至關重要。如果你喜形於色，失去了原有的沉穩和坦誠，就會傷了顧客的心。他們覺得自己受騙了，即使不能夠撕毀合約，以後也不會再與你打交道了。其實，良好的禮儀會使交易結束之後的你們成為好朋友，讚美顧客的眼光，將成功歸功於對方，然後與顧客熱情告別，就會讓對方感到自己受到足夠的尊重。當然，也可以聊聊天，說些輕鬆的話題，留下聯絡地址及電話，表示有事可以售後處理。過一段時間後，主動詢問顧客的意見，就禮數周全了。

商業領域的行為逐漸法律化、規則化，推銷失當，使顧客遭受損失，絕不是明智之舉。推銷與談判、交接等的關係密切，這也就不難理解，為什麼有人說：「我是世界上最偉大的推銷員。」如果在熟練掌握人性的基礎上，事事都做到「禮」上，不僅能夠得到顧客的信任，逐漸提高自己的生活水準，而且，還告訴剛剛起步的年輕人，從小職員到大富翁，只有一步之遙。

魅力何來

在 21 世紀的職場上發展，如果忽視國際通行的禮儀規範，注定失去很多機會。《魅力何來》一書中，告訴讀者的就是如何成為有修養、有品味、有魅力的現代人，魅力與禮儀有關。一個人到底有沒有魅力，取決於他怎樣與人相處，支配金錢的動機，以及如何對待地位比他低的人。可見，魅力發自善良的寬容，尊重別人就是尊重自己。

該書中引用白宮禮儀專家莉堤西亞·鮑德里奇女士的話，「禮儀定義很廣泛，總體而言，就是和周圍的人保持友善關係」，「待人好，當然是有禮貌的表現，但更重要的是，我們要多替別人著想」。其實，所謂現代文明的核心，就是對別人的尊重和關懷。

我們處在一個講求合作的時代，毫不顧慮他人的做法，往往會導致失禮。當人們以「自我中心」為生活目標時，很可能導致客戶的流失、員工士氣低落及萎靡不振的生產力及競爭力，過度自戀更是難以在合作時代大展宏圖。因為很多年輕聰明的上班族們慘遭滑鐵盧，並沒有做錯什麼，而是沒有把目光投向他人所致。平等是禮儀的第一步，尊重是指在禮儀行為實施的過程中，展現對他人真誠的尊重，禮儀本身就是尊重他人的具體展現。任何不尊重他人的言行，都會引來

別人的反感，尊重包括威望、承認、接受、關心、賞識等。

多元的世界賦予人們平等對話的平臺，只有不斷增添自己生活的品味，關注他人的追求理念，才能在魅力中找到自身價值。自尊的獲得來自他人的尊重，在交往過程中，不論對方的地位高低、身分如何、相貌怎樣，都要尊重其人格。只有這樣，才能受到他人的歡迎，從而雙方獲得心理上的滿足，進而產生愉悅。在現代禮儀中，不能阻止他人表達思想，表現自己。當別人和自己的意見相左時，不要把自己的意見強加給對方，以免引起不快。

禮儀造就人生

在這個張揚的時代裡，上班族的言行更多地主導著城市的發展狀態，而職場中人如果站在禮儀生活的反面，注定迎接出局的命運。要想成為一名不斷發展的上班族，就要透過禮儀造就自己，一般來說，要做到如下幾點：

1. 早到等於守時，忙碌的都市人每天都會遇到很多意外，比如說搭車時遇上交通堵塞，等電梯導致遲到等，所以，時間要充分預留出來。其實，準時只是下限，早到 5 分鐘才是守時；

2. 等候安排座位，到外地辦事，接待員帶你坐下的地方，未必是會見負責人之處，要分清楚等候室和會客室，以免遭遇尷尬；

3. 握手掌握分寸，握手時要伸出整個手掌，用力一握，順勢上下微搖；

4. 謹慎交換名片，不要隨意與人交換名片，重要的名片應放在名片夾裡，與自己的名片分類放好；

5. 善於利用眼神，最好使用「甘迺迪總統眼神」法，輪流看對方的眼睛，先看左眼，再看右眼，再看回左眼，兩眼交替注視；

6. 注意聆聽，見客戶時耳朵跟要緊，不聽清楚對方說什麼，不明白對方想什麼，見面便失去意義。此外，離去之前應該注意小節，如把椅子推回原位等。

在日常處世中，還有很多「黃金原則」值得注意：

1. 對朋友的態度要永遠謙恭，要常常微笑著與人交談交往；

2. 對周圍的人保持友好，找機會幫助別人，生病時喝到你的一口湯，都會經久難忘；

3. 集中精力地記住對方的名字，在日後的交往中，一見面就能叫出對方的名字，會使人覺得你熱情誠懇；

4. 遇事要設身處地為別人著想，要克服任性，處世寬容，

給人安全感。上班族女性要得到尊重，還應該表現出優
雅來，透射出迷人的風度。

舉手投足間顯示性格與教養，關於坐、立、行方面，其
實還有很多學問：

1. 站著等人的時候，把身體的重心放在一隻腳上，另外一
   隻腳則微曲。時刻保持一種精氣神，不要使自己彎腰曲
   背，等人的時候最好不要東張西望；

2. 提手袋的時候，要注意挺胸、抬頭、收腹、腳要直、步
   伐不要邁得太大；

3. 拾東西的時候，無論是穿裙子或長褲，都不可彎腰翹臀，
   兩膝盡量併攏再蹲下，才會顯得文雅美觀；

4. 握手的時候，眼神和善地與對方對視，身體微微前傾，
   自然地伸出右手，手上有東西放在左手上；

5. 坐下來的時候，背部貼在椅背上，如果坐深沙發，要盡
   量往裡坐，雙膝併攏，不要隨便脫鞋子；

6. 站起來的瞬間，切莫如彈簧般一躍而起，文雅的動作是，
   用左手輕輕扶住椅把，一隻腳往後放，然後徐徐起立。

上班族處事應該鎮定自信，特別是很多人對上班族另眼
看待，自信的你與對方眼中的自己大抵一樣。如果你流露畏
怯和緊張，可能會使對方不知所措，使溝通產生了阻隔。在

社交場合中，上班族要想結識某個人，最好預先獲得相關資料，諸如性格、特長及興趣愛好等，以便在了解的基礎上融洽交談。

網路時代的發展忠告

置身網路時代，應該遵守預設的網路交往禮儀，這樣的交往建立在公平、自由和自律的基礎上。因此，網路行銷等商業行為都在網路禮儀的框架中運作，從而獲得對方的信任。在個性化的時代，適合自己的才是最好的，成功永遠都是多元的。但是，還有一些基本的規則要操作，比如說網路時代的上班族外出，說話時不可結結巴巴，令對方感到焦急。不可保持沉默，要表達得體的話，讓對方感到思維敏捷。有時候，交談就像傳接球，不是單向的傳遞。如果有人沒有接球，就會出現難堪的沉默，直到有人再次把球撿起來，繼續傳遞，一切才能恢復正常。而這自然會給人留下深刻的印象，對方也認為他很聰明，交流應該是多方位的。

在網路時代之前，很多名人的做法就已經孕育著網路時代的成功要素了，比如說諾貝爾化學獎獲得者瓦拉赫在開始讀中學時，無法在文學之路上找到希望，只好改學油畫。誰知其構圖、潤色等對藝術的理解力也不強，成績在全班倒數

第一，甚至被認為是不可造就的「笨拙」之才。可是，化學老師認為他做事一絲不苟，具備做好實驗的品格。父母接受了老師的建議，瓦拉赫智慧的火花被點著了，一下子變成公認的「前程遠大的高材生」。瓦拉赫的成功說明了多元時代的智慧發展是不均衡的，一個人只有找到智慧的最佳點，才能使潛力得到充分的發揮。

「瓦拉赫效應」告誡暫時的輸家，幸運之神就是垂青於忠於發揮長處的人，只有不斷地經營長處，才能成為贏家。在網路經濟時代，「三百六十行，行行出狀元」。任何人瞧不起其他職業的人，都是失禮的，也不符合成功的原理。一棵草能吃一粒露珠，《喚醒心中的巨人》誠懇地說過：「每個人身上都蘊藏著一份特殊的才能，那份才能猶如一位熟睡的巨人，等待著我們去喚醒他……上天絕不會虧待任何一個人，他給每個人無窮的機會去充分發揮所長……我們每個人身上都藏著可以『立即』支取的能力，藉這個能力我們完全可以改變自己的人生，只要下決心改變，那麼，長久以來的美夢便可以實現。」

誠哉斯言，在這個講求合作的時代，本事才是面子。憑本事吃飯，就能體面地生活，一無所獲才無地自容。挖掘自身潛力並不是好高騖遠，因為網路帶來的對話空間，所有的職業在根本意義上都是平等的。

　　不要被傳統社會的理念綁住，甘願拒絕成功，往往在醒悟時欲哭無淚。網路禮儀的基礎是平等，關於多元成功的問題，還有很多事例可以為此佐證。比如說愛因斯坦有一次上物理實驗課時，不慎弄傷了右手。教授看到後嘆口氣說：「唉，你為什麼非要學物理呢？為什麼不去學醫學、法律或語言呢？」愛因斯坦當即回答說：「我覺得自己對物理學有一種特別的愛好和才能。」這句話在當時聽起來似乎有點自負，但是，恰恰是這種陽光般的自負真實地說明了愛因斯坦對自己有充分的認知和把握。

第七章
領袖：樹立美而得體的威儀

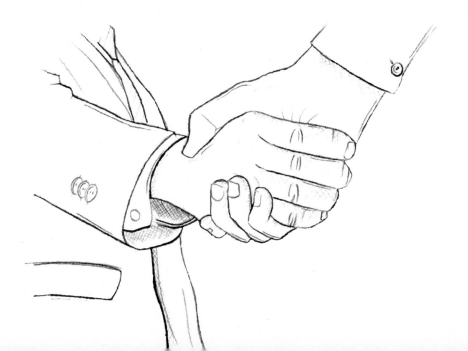

領袖語言表達藝術

　　眼睛容納美麗的世界，嘴巴描繪精彩的世界，可見嘴巴的創造功能。語言是建立良好人際關係的橋梁，領袖語言藝術要講求針對性原則，要注意對方的性別特徵、性格特點、職業品味、文化程度以及心境背景等。此外，領袖語言禮儀還講求適應性的原則，要考慮時間、場合、身分等因素，再就是要通俗易懂了，領袖用語要規範、大眾化、善於運用比喻，而且要準確、簡潔、有力量。在無法確定答案之前，領袖說話也可以使用「模糊語」，將是非遷移到解決問題的過程之後。

　　領袖只有幽默、委婉並附以暗示，才能恰到好處，在員工面前保持威儀。領袖要駕馭與員工談話的品味，盡量不要責怪對方，要適當地加以讚美。任何一次表揚的火花，都將引燃一堆火，面對自信的天空而熊熊燃燒。真誠的讚美要言之有物，不要空談「年輕有為，前途無量，做得不錯」等公式化語言，讚美一定要切合實際。隨口稱讚員工是「天才」、「智力超群」、「理論卓越」就更有點不著邊際了。無論是批評還是表揚，領袖都應該抓住時機，最好採用「讚揚 —— 批評 —— 讚揚」的「三明治」策略。

　　人人都愛面子，渴望別人的尊重，領袖惡語傷人，會埋

下人心渙散的種子。因此，聰明的領袖都講究批評的禮儀藝術，有一則故事可以佐證：某位企業家有一天路過自己的煉鋼車間，發現有個工人在抽菸，而屋裡掛著「禁止吸菸」的牌子。深諳批評之道的企業家走到這位工人面前，遞給他一支雪茄，然後說：「年輕人，如果你願意到外面抽菸，我將非常感謝。」員工的心裡自然有數，犯錯卻沒捱老闆的惡意批評，當然會以此為鑒，維護公司的規則，遵守公司的規定了。

　　領袖對待上級的領袖要真誠，切不可隨意拍馬，否則弄巧成拙。據說，法國作家大仲馬到義大利了，要看看當地的書店。書店老闆得到消息後，馬上讓店員把書架上的書都換成大仲馬的作品，萬萬沒想到引起了作家的不解。大仲馬問這個書店老闆，「這麼大的書店，怎麼只賣我一個人的書，別人的書到哪裡去了？」這個老闆聽後慌忙答道：「都賣完了！」使得大仲馬失望地離開書店。可見，領袖對上級領袖或社會著名人士的態度不能過於吹捧，以至於搬起石頭砸了自己的腳。

　　到什麼山上唱什麼歌，是什麼身分說什麼話，否則將令人貽笑大方。而說話不通俗，故作姿態，也會自討苦吃。比如說有一位晚清遺老，經常使用文言、方言和生僻的語言與人對話。一天晚上，他被蠍子螫了，竟搖頭晃腦地說：「賢妻，快點燈，爾夫為毒蟲所襲！」說了半天，他的妻子也沒

明白是怎麼回事，疼得實在受不了的他只好大喊：「老婆子，快把燈點著，蠍子螫著我了。」如果領袖犯這種錯誤，還可能影響到員工對自身理念的理解，最終走向工作的反面，得不償失，而又無可奈何。

國際上常見的態勢語

在跨文化交流中，領袖如果不了解對方的態勢語，就會給工作帶來困難，甚至造成誤解。比如說在大部分中東和遠東國家，用一根手指去招呼人是非常不禮貌的，不同的國家有不同的生活習慣，在歐洲和地中海地區表示蔑視的動作，換到巴西和委內瑞拉卻表示「好運氣」。拉眼皮在歐洲和拉美國家表示「當心」或「我有提防」，輕扯耳朵在義大利表示有的男人女性十足，同時抓住兩隻耳朵，在印度表示懺悔合誠意，用拇指和食指抓住一隻耳垂，在南美巴西表示「讚賞」。

「OK」手勢在哥倫比亞指談論同性戀者，捏鼻子在日本表示厭惡，用拳頭對著鼻子則表示「吹牛」。手撫臉頰，在義大利、西班牙、羅馬等地表示「很有誘惑力」，飛吻在歐美意味著「漂亮」，輕輕捏下巴在義大利表示「不感興趣」，而在巴西和巴拉克表示「我並不知道」。此外，彎起食指在日本表示「不誠實」，向後仰頭在巴拉圭表示「我忘了」。輕敲

腦袋在阿根廷和秘魯表示「動動腦子」，而在其他地方則表示「他瘋了」，甩頭在義大利、馬爾他、突尼斯等地意為「否定」，在德國指「召喚某人過去」，在印度表示「肯定」，在其他地方則表示「不了解」。

如果你到了荷蘭或哥倫比亞，尤其要注意手的動作，比如：拍手臂在當地分別指「不可靠」和「很吝嗇」。儘管不同國家的態勢語五花八門，但是，說英語的國家的態勢語有很多相似之處。比如說用手指的數量表示數字「1」到「10」，表示後悔時拍擊額頭，表示驚訝時兩手一攤。表示難以忍受時往往怒目而視，表示思考時用手指太陽穴處，表示遺憾時用手摀嘴。還有很多手勢語表示「特別好吃」、「十分得意」、「看不起你」等等，其中還有些手勢有實際意義，尤其值得注意。

比如說「WC」手勢指上廁所，用「噓」的手勢叫人安靜，要「侮辱和蔑視」別人時，用拇指頂住鼻尖，衝著對方搖動其他四指。如果不相信對方，他們就會無意識地將食指放在鼻子邊上，告訴對方「你講的根本不是實話」。如果要表示祝賀，就要使雙手在嘴部高度相搓，打招呼時一定要拿起帽子，至少要抬一下或者要摸帽檐。在激動高興的時候，說英語的國家中人雙手握拳向上舉起，頻頻用力搖動。如果憤怒，就會揚起頭哑哑有聲，如果感到「太古怪了」，他們都會在自己的太陽穴處用手畫圈。

在全球一體化逐漸加速的今天，領袖一定要有國際意識，「以不變應萬變」的態度已經不適和當今時代的發展現實了。特別是在國際談判中，不經意的一個態勢語可能改變局勢，而你自己還渾然不覺。生活的現實是由無數的細節組成的，在不同的細節中找到成功的感覺，一定會在未來找到豐收彼岸。因此，如今很多聰明的管理者都不斷充電，了解國際同行的思考方式和做事準則，一旦找到對話的平臺，就會遊刃有餘地雙贏。

名片的交換使用

眾所周知，名片一般為 10 公分長、6 公分寬的精製卡片，用手寫體或印刷體標明職業、公司、地址等。名片的用途十分廣泛，最主要的是自我介紹，也可隨贈鮮花或禮物等。在美國外交界，名片左下角常有幾個法文單字的首字母，分別代表不同的含義。比如說 P. P. (pour présentation) 即介紹，通常用來介紹朋友認識，當你收到朋友送來左下角寫有該字樣的名片和陌生人的名片時，應立即送新朋友名片或打個電話。P. F. (pour félicitation) 即敬賀，用於節日或其他固定紀念日，而 P. C. (pour condoléance) 即弔唁，重要人物逝世時的慰問。

此外，P. R.（pour remerciement）即謹謝，收到禮物、賀信或款待後表示感謝，是對「P. F.」或「P.C.」的回覆。P. P. C（pour prendre congé）即辭行，在分手時互贈，P. F. N. A（pour féliciter le nouvel an）即恭賀新禧，而 N. B.（nota bene）即請注意，提醒對方注意附言。美國人訪問一個家庭時，分別給男、女主人各一張，再給家中超過 18 歲的婦女一張。絕不在同一個地方留下三張以上名片。隨著名片使用日益廣泛，除所用紙張越來越好外，名片的設計也是越來越新穎。如可以在片頭上印裝飾圖案，將公司徽記印在名片上，以樹立企業形象。

管理者在人際交往中，不可避免地要遇到交換名片的問題，這也是衡量管理者水準高低的一個環節。一個人的名片可以有好幾種，應以不同的人而贈送不同的樣式，比如說對講究的人贈送有品味的名片，對普通來訪者只要遞上自己最簡單的工作名片就可以了，類似的情況大抵如此。如今，應該注意國際化的名片使用，有的國家習慣把名片的右上角折下來，指著名字，女士不應隨意地給男子名片等。此外，美國父母希望孩子儘早適應社交生活，也會替孩子印製名片，孩子的年紀越小，名片也越小。男孩年滿 18 歲，可加上「先生」字樣，女孩年滿 13 歲，可冠以「小姐」。

值得注意的是，向對方遞名片時，應該面帶微笑。目光

注視對方，將名片正面對著對方，用雙手的拇指和食指分別持握名片上端的兩角遞過去。遞名片的人如果坐著，就應當起立或欠身遞送，並禮貌地說，「×××，這是我的名片，今後請多關照。」或其他類似的話，遞送名片有很多規則，比如說地位低的人要向地位高的人遞名片，男性要向女性遞名片。而在公共場所，有涵養的人都將名片主動遞給職務較高或年齡較大者，如果分不清對方職務高低和年齡大小時，一般還可以和對面左側方的人交換名片。

當接收他人遞過來的名片時，應該盡快起身，同樣面帶微笑。用雙手拇指和食指接住名片下方的兩角，並謙虛地說：「謝謝，能得到您的名片，深感榮幸」之類的話，名片接到後絕不能隨便亂放。將對方的名片隨意一扔，是最不禮貌的交往方式之一，也一定會為以後的交往埋下隱患的種子。如果雙方是初次見面，應該著意客氣一番，以便增進感情。當對方遞給你名片時，如果自己沒有名片或沒帶名片，就應當首先向對方表示歉意，再如實說明理由。

請教員工的智慧

領袖不是萬事通，對很多問題也不了解，應該不斷「充電」。如果一味地不懂裝懂，就可能貽誤市場機遇，在員工

心目中產生不信任感。其實，任何人都只能知道一部分知識，展現一部分價值。因此，當遇到自己不了解的問題時，管理者不如大膽地說不懂，並有策略地請教員工。這絲毫不會產生不快，還可能增進彼此的感情，使以後的合作更加愉快。管理者請教員工，也要保持必要的禮節，切不可讓對方感到不是解答問題而是臉上貼金。在增長見識這一問題上，人人都是平等的，應該尊重對方的勞動。

　　管理者面對自己根本不理解的問題，一定要問出個所以然，搞清楚問題的來龍去脈。不要顧及情面，縮手縮腳，不管懂不懂都點頭稱是。真正有見識的管理者都以此為契機，打破砂鍋問到底，把問題弄明白。請教別人一定要慎重，不能動輒就把人找來，要本著先思考後請教的原則。對於自己經過思考可以弄懂、一時間不開竅的問題，只要對方能夠給以提示啟發，就應該發揮自己的主觀能動作用，繼續去獨立思考，不要再繼續糾纏人家。

　　更何況，對於已經請教過的問題，本來就應該再認真思考一番，為的是消化別人的回答，正所謂「入乎耳，著乎心」，應培養分析和解決問題的能力。在日常生活中，管理者還會遇到曲意逢迎的小人，以諮詢你為手段靠攏，以便在日後有所圖謀。對於這樣的人，一定要清醒並適當拒絕。當然，話說回來，假若對方真正對你有很大幫助，提出的要求

力所能及，還是廣結善緣的好。可如果感到問題很棘手，就要果斷地拒絕，而且這種拒絕的方式一定要有策略，以免傷害他人，也使自己不快。

管理者應該講求言語的信譽，在說「不」之前，務必讓對方了解自己拒絕的苦衷和顧忌。要讓對方知道，彼此的交流是一回事，以職務之便幫忙是另一回事。言談間的態度要誠懇，語言要溫和，切不可惡語交加。拒絕一旦說出口，就應當果斷，切不可有避免模稜兩可的回答。寄託對方，比如說我再考慮考慮等，這種模稜兩可的說法最無益。因為這會令人誤會，不知你是真要拒絕還是另有其他所圖，這樣反而耽誤了對方。此外，應該在此前就讓對方了解自己的處事原則，真正讓人了解愛莫能助，才能得到對方的理解。

真正的請教與指導都是發自內心的，其間不應該摻雜著醜陋因數，在這個多元的知識經濟時代，管理者務必清楚自己的知識正在被淘汰，如果不與時俱進，注定要在商海中成為落伍者。聰明的管理者都不斷充實自己，使理論與實踐更好地融會貫通，找到競爭的優勢劣勢。而且，如今的員工越來越精明，管理者是不是外行一看便知，不懂裝懂一定會為人所不齒。所以，我們就會看到同樣是管理者的兩個人，在經歷了一段時間的努力後，走向了兩個相反的目標，眼界與水準不同所致。

主持、作報告、答記者問及其他

　　主持會議是領袖活動的重要內容，管理者的語言藝術，是會議成功與否的重要因素。真正成功的領袖都是語言表述專家，其政治思想素養、組織決策能力以及文化修養都非常精實，他們不會在會議上照本宣科，更不會做出大喊大叫的失禮的舉動。為了活躍氣氛，管理者在主持會議期間還可以適當地幽默，以期營造一個愉快輕鬆的談話氛圍。管理者在主持期間對發言者的安排，一定要符合禮儀規範，既定程序不應該被隨意打破，對發言者的介紹也要力求完整，千萬不能讓人在莫名其妙中發言。

　　作報告是管理者的重要的日常工作，報告的成功與否關鍵在於其內容和語言表達水準，報告應避免客套話和廢話。報告要有強烈的針對性，無的放矢是對他人生命的浪費，會使人打瞌睡。此外，報告的語言應該準確，應該盡量通俗，應該情感豐富。報告應該有嚴密的邏輯思維，要把問題說清楚，不能打官腔，將自己凌駕於聽眾之上。作報告不要隨意夾雜語氣詞，「啊」、「嗯」、「哪」、「這個」、「就是說」、「所以哪」等都讓人難以接受，也使報告產生斷裂感。真正好的報告不平淡或呆板，大都情感豐富，且講求聲音藝術。

　　管理者答記者問是一種智慧，在傳播學的意義上講，大

眾傳播和受眾永遠是兩條河流。傳播內容先要被「意見領袖」接納，再透過「意見領袖」傳播，管理者要善於利用傳播媒介。因為這是一個溝通時代，令人耳目一新的答記者問會贏得大眾的信任和支援，但是，答記者問有很大難度。因為記者已經對管理者有充分了解，話題也五花八門，管理者要隨著記者的思路走。還不能因此被繞進去，還要不失禮節地去加以回答，同時使對方感到滿意。這就要求管理者要直言不諱、真誠坦率，並富於感情特色。此外，要邏輯嚴密、簡潔有力，盡量思路清楚。再來就是要從容自如、機敏靈活，遇到刁鑽的問題要迎刃而解。

要知道，有時僅僅真誠還不夠，對於到攻擊意義的問題，回答要隱諱模糊或巧妙周旋，有時要似答非答或答非所問，但是，在遇到對其代表的國家、區域、公司的利益有所傷害的問題，就要針鋒相對、立場堅定地回答。有時要寸步不讓，讓對方感到堅定態度，以及不可冒犯的氣魄。其實，管理者遇到最多的還是跟部屬談話，不要一味地責怪，要寬容並富於換位思考。個別時候，還要保全部屬的面子，採用含蓄、簡潔的方式。除非遇到嚴肅的問題，才要實事求是地指出，這時也不要主觀臆斷。

管理者在面對他人表述自己觀點的時候，要注意細節的可觀力量，某一環節的失禮也為人牢記。管理者的威望都是

一點點累積起來的，不是空洞的教條，一切都要求符合利益的規範。在某種程度上講，管理者的寒暄語、迎候語、告別語、致謝語、致歉語等都充滿層次、環節和內容，這在一方面也表明管理者的真誠、互重以及修養的程度。

迎送的相關禮儀

管理者操作符合禮儀要求的迎接送別，能夠極大地提高社交活動的品質，從而為日後的交往搭建更穩定的平臺。普通的來訪者往往都是「無事不登三寶殿」，他們可能都提前預約，如果不慎失約，也不要大發雷霆，儘管失約是非常失禮的行為，但這發生在他人身上，不要讓自己也產生失禮的舉動。如果是接待重要來客，就要在此前做好充足的準備，穿著要清潔、整齊、挺直，必要時還要到機場、碼頭或車站迎接。賓主見面時，要遵守最基本的見面禮，有時還要安排獻花儀式，但忌用菊花、杜鵑花、石竹花、黃色花等。

當客人準備告辭的時候，一般都應真誠地挽留，作為東道主，一定要熱情相送，不要一出門，對方請留步，就真的不送了。因此，無論是誰來訪，無論對方多客氣，都要禮貌地送對方一段。最好在對方的身影完全消失以後再返回，送客返身回屋後，不要將房門「砰」地關上，這種做法是極不禮

貌的，很有可能因此葬送客人來訪時精心培植起來的感情。如果送對方到車站、碼頭或機場，千萬不要心神不寧或頻頻看錶，以免客人誤解成你催他快離開。有話要與對方單獨說，就更要送一程，臨別時還可以「請代向令尊令堂問好！」必要時贈送一份土特產或紀念品。

　　上述做法絕非繁文縟節，因為從心理學的角度看，人人都有受尊重的要求。任何在來訪者面前抬高和貶低自己的語言和行為，都不利於建立和諧的人際關係，因此，當有人敲門時，應回答「請進」，或到門口相迎；當客人進來時，應起立熱情迎接，如果室內不夠乾淨齊整，要做必要的整理，並向客人致歉；接受客人禮品，應該道謝；客人來時，自己恰巧有事確實不能相陪，要先打招呼，致以歉意，並安排其他人員陪同；客人堅持要回去，不要勉強挽留；送客要到大門外，應該走在長者後面；與對方分手告別時，一定要真誠地說「慢走」等。

　　在必要的時候，還要特意布置接待室，使其有充足的光線，色調宜人，有適宜的溫度和適度，保持安靜，清潔衛生、布置合理，最好還要有一定的藝術品味。。此外，接待室的物品一定要有實用價值，要有必要的隔音設施。

　　涉及到平等尊重的話題，在這裡說一點題外話，諾貝爾文學獎獲得者、著名戲劇家蕭伯納有一次訪蘇聯期間，在莫

斯科街頭散步時見到一個非常可愛的小女孩，兩個人在一起玩了很久，分手時，他對小女孩說：「回去告訴你的媽媽，你今天和偉大的蕭伯納一起玩了。」小女孩也學著大人的口氣說：「回去告訴你的媽媽，你今天和蘇聯女孩兒安妮娜一起玩了。」蕭伯納很吃驚，立刻意識到自己的傲慢，後來每次想起這件事，都不免感慨萬千。「一個人無論有多麼大的成就，對任何人都應該平等相待，應該永遠謙虛。」

與員工相處不完全指南

　　現代人似乎都想得到升遷，從而更多地擔任管理工作。可是，領袖真的那麼好當嗎？這裡面的學問非常複雜。領袖的人際關係比一般人複雜得多，比普通員工涉及的方面更廣，需要負擔的責任更重。作領袖自然要帶好他手下的一個團隊。你要有良好的觀察能力，要看到你的部下有什麼資質、有什麼潛力。盡可能地為部下安排可以充分發揮潛質的工作，對待部下要多關心指導。充分挖掘他的潛力，把潛力變成能力。但也不可以太過奢望，畢竟潛力和能力不是一回事，揠苗助長不可取。

　　對待部下不可以總是做和事佬，部下出了錯時要及時批評並加以指點，動輒發脾氣也是不可取的。反之，對於部下

的錯誤不加以提點必要的批評，只是悄悄地暗中糾正，則有點讓人不舒服了。要明確這個觀點，事情成功了，功勞是屬於大家的，尤其要讓部下知道成功與他的勞動密切相關。一旦遭遇失敗了，責任要由領袖主動承擔。只有一個團隊的進步才是你領袖的功勞，不然公司要你何用，各自為戰算了。1＋1的作用往往是大於2的。

領袖要把部下團結在一起，遇到困難要同舟共濟。世界上沒有十全十美的境遇，自己滿意的環境要靠自己去打拚，而你就是那個領路人，是船長，是帶頭人。辦事情的時候光明正大，這是最容易把樹下團結起來的方式。要讓你的部屬知道，只要付出一份耕耘，就會得到一份收穫。比賽競爭的手段要正大光明，要堅決杜絕暗地裡陷害他人。每一個人都有不同尋常的一面，你的下屬也一樣。他們有些方面要比你突出，對你產生了競爭壓力。你該怎麼做？嫉妒？打壓？這會使你失去信任、失去威信。你要正視這個挑戰，借著這個機會你可以戰勝自我，成為你完善自我的動力。贏得屬下的尊敬，對團體利益有助益。

領袖待人要公平，不能以個人好惡來區分屬下。這個是同學老王的外甥；那個是鄰居張大媽的孫子……林林總總的社會關係不應該也不允許帶到工作中來。因為這是與國際禮儀相悖的，此外，對待部下應一視同仁，這才是真正的帶兵

之道。芝麻大點的事情，明明打個電話就可以搞定的，沒有必要把下屬叫到你的辦公室。而且，部屬接到電話，一定要扔下手中的工作，為你的一點小事耽擱，從而浪費時間，這是得不償失的。

領袖在與部下的溝通過程中要講究語言藝術，這是領袖的全方位素養展現。無法想像一個口才不好、文筆不好的人會做好領袖，就算是到了領袖的位置上也難以勝任。領袖說話要講原則，在溝通的時候要掌握好靈活性。死教條的領袖成不了大事。死板的說教不會有人愛聽，語言幽默些、通俗點，再結合當時的情況隨意地即興發揮。這樣的領袖自然會得到員工的擁護。

讓自身禮節得到部屬的認同

曾有數百個主婦在聚餐時大罵她們的女傭菜做得不好吃，沒有一個主婦讚揚女傭，即使是滿意的時候，她們也這樣說，似乎以此來界定她們與女傭地位的不同，如果換位思考，就會發現問題。工作十分賣力，做得不好時會挨主人的怒罵，成績優異時從來聽不到讚揚。長此以往，誰都會感到悵然若失，感到工作枯燥且乏味。更何況，在職場生活中，部屬並不見得能力低於你。要提升自己的人氣指數，就應該

多作反省，以便更好地找到提高的路徑。

　　當然，和地位比自己低的人談話是較易於和地位優於自己的人談話的，然而要談得好，那就不容易了。對於一個傭人或職員，你是他們的上級或主人，固然可以盛氣凌人、頤指氣使，但是為什麼不和他們合作呢？如今常常見到有的人，對部屬似乎總是不滿意，似乎在這個世界上找不到一個他們中意的人。職員一換再換，殊不知，這樣做是很傷人的，有誰能是十全十美的呢？在與地位低於自己的人談話時，要使他心境平和，應該使他覺得你正對他所說的話感興趣，而且必須請他發表意見。一個管理者只講自己的事情很不好，不費腦筋的談話尤其要學會尊重，不能因為覺得談話簡單，就覺得說錯話也沒關係。

　　非常遺憾的是，如今上司換部屬，主人換小保姆，似乎蔚然成風。有的家庭一年能換上三十個，但是換來換去，仍然沒有解決問題。不是主人不滿足，就是傭人自己也要走，這到底是為什麼呢？其實，管理者的地位已確定了，不要不禮貌地批評部屬「真糊塗，連這點事都做不好！」這樣只會引起他的反感，最終使你受到莫大的損失。此外，不能因為自己是管理者，就野蠻對待公司物品，挪為私用。應該及時清理、整理帳簿和檔案，對墨水瓶、印章盒等蓋子使用後及時關閉。借用員工的東西，應及時送還或歸放原處，工作臺上

不能擺放與工作無關的物品。

　　在公司內應以職務稱呼彼此，同事、客戶間以先生、小姐等相稱，未經同意不得隨意翻看員工的檔案、資料等。還是那句老話，尊重人比什麼都重要，難道員工的腦袋長得如此令人討厭嗎？如果遇到員工的失誤，試著說一句：「其實，你完全應該如此如此，這件事對於你來說太簡單了。」這種鼓勵多於責備的溝通方式，自然能夠得到事半功倍的效果，並自覺接受你的批評和指正。在某種意義上講，領袖尤其應該注意說話態度和部屬的接受能力，部屬的認同才是最終的認同。

　　置身合作時代，任何管理者與員工都是平等的，任何高於員工的意識都是很落伍的。在高品質的營運模式中，員工和管理者可以自由對話，永遠傾聽來自員工的聲音與建議等，是成功管理者的基本素養之一。當然，管理者並不能放棄權威，只是這種權威更多地由自身的能量來顯示。

如何在宴會上擋酒

　　管理者在接待賓客時，難免在宴會上飲幾杯酒，還可能因此酩酊大醉。醉酒是最糟糕的境遇之一，為此，管理者在宴會上要有自我保護能力。其實，應酬時還有擋酒的招數，不妨試一試：

➤ 在舉辦宴會前，先吃點油性大的食品，如火腿、烤鴨、燒雞等。喝酒時最忌空腹，因為胃壁空空，容易將酒精吸收進體內。如果胃壁上附一層油脂，酒精隔著油，就沒有那麼容易進入體內了。

➤ 值得注意的事，解酒和醒酒是兩個概念，咖啡和茶只能使麻痺的神精系統興奮起來，就如同強心針，不能從根本上解決酒精造成的問題。不能以它們來解酒，因為其功效最多只是醒酒，不要在酒後飲茶和咖啡，解酒最好運用自然食物。

　　其實，管理者要有一個能說會道，並且酒量很好的酒伴，作為自己的擋酒助理，在重要時刻兩肋插刀。酒局中沒有多少道理好講，是否成功擋酒，關鍵看言談的技巧能夠使對方折服。一般說來，簡單的懇求或探討等都是沒有意義的，酒致酣暢時，大家都很興奮，不會理智地要求少喝。如果暫時不能避免多喝，要記住，飲酒時應該多喝高湯，蘿蔔絲魚湯最能發揮解酒效應。此外，在喝酒時最好多吃乳酪、蛋、肉類等蛋白質食物，這類食物有助於解酒，蜂蜜也是解酒的上品。

　　宴場如戰場，其間可不能掉以輕心，否則，酩酊大醉時有很多弊端。一方面可能胡言亂語，酒後無德，甚至惡語傷人。本來在宴會之前培養的感情，都可能在拚酒時敗壞，最

終走向快樂的反面。醉酒之後的尷尬還在此之後，不僅會毀壞健康的膚色，還可能影響著交際審美。這幾乎比太陽下的暴晒更糟糕，長期飲酒的人很可能得脂肪肝、腸炎甚至是胃潰瘍，所以飲酒一定要有分寸。酒喝多時，一定要多喝熱湯或大量飲用開水，用以沖淡酒精的濃度，其中的麻煩簡直是數不勝數。

凡事要是做到了「禮」上，都會被對方理解，酩酊大醉不好，強硬地拒絕他人的酒精也不好。酒精的作用驚人，很可能令人不能自控，酒桌上打架不勝枚舉。最好的控制辦法有幾種：

➤ 酒的度數和數量應該在宴會之前控制好，不要弄出「白啤果」，即白酒、啤酒、果酒摻在一起喝，對身體最無益；

➤ 應該在宴會前研究好要陪酒的對方，依酒量安排專人與對方的專人對飲，這是一種田忌賽馬的好辦法；

➤ 適時地告誡對方，明天還有更重要的任務，只是這樣的告誡一定要具體。

喝酒是一件樂事，可是，處理不好就成了壞事。在宴請對方人員之時，管理者代表著己方靈魂，酒桌上的一句話很可能成為第二天交涉的前提。如果在席間頻頻口誤，自然會為未來的來往找麻煩，從而處於被動。但是，「寧傷身體也不

傷感請」往往會留下身體的隱患，健康、知識、財富永遠是我們的追求要素，因公務傷害身體，絕非明智之舉，而且對他人也沒有什麼好處，這樣的事，做它到底有什麼意義呢？其實，從特定的職業、安全問題、不健康、對方語言的紕漏、責任轉移等方面拒絕，就能避開麻煩的開端。

凝聚渡海的水手

據說，人們在世界上走一遭，最關注兩件事，一個是名，另一個是利。有人甚至渴望名利雙收，如果工作既不能提供名又不能提供利，人們就會考慮跳槽了，因為人往高處走，同樣做一份工作履行一份責任，有人能支付一萬塊錢，憑什麼在遠離希望的公司賺一千？「發展是真理」，面對市場的激烈挑戰，沒有人願意捨近求遠、捨富求貧。

企業的競爭都是人才的競爭，人才之所以能夠為企業服務，更多源於工作的條件和品質。領袖不能在選拔人才的問題上小氣，「沒有梧桐樹，引不來金鳳凰。」要引來「金鳳凰」，自身就得有梧桐樹的價值。所以，企業要想有長遠的發展，就應該避免員工因失望而來去自由。只有給「金鳳凰」們提供更多的棲息地，到時候，才能名利雙收。

歷史上的商湯是明君，伊尹是聖人，商湯聘用伊尹，用

的就是重金。事實證明，伊尹的價值遠遠超過了重金，是國家的無價之寶。可見，金錢雖然不是萬能的，但是，沒有金錢卻是萬萬都不能的。有時候，「重賞之下，必有勇夫」，人家連命都不在乎了，自然有所欲求。領袖再要求人家「固窮」，似乎就有點不講道理了，生活在世界上的任何人都有資格去追求健康、財富和知識，與無緣無故的清高無關。

攏絡人才很講求層次，如果把糠蘿蔔和脆蘿蔔放一塊兒，人才的流失就成為必然。此外，應該提供年輕員工擔當重任的機會，為他們製造出事業的歸屬感。對於企業的高級人員，還應該設置特別津貼，否則，「此處不養爺，自有養爺處。」好的工作待遇是人們挑選工作的核心要素，人才的價值遠遠超過企業的付出，因此，聰明的領袖都把尋覓人才當作企業發展的大事，這絕不是小題大做，人才的努力可能為企業省卻很多繁瑣，而一旦產生對知遇之恩的感激，就可能全心全意地投入，為企業創造巨額利潤。

在這個意義上講，如今很多博士得到年薪十萬的待遇，是社會發展的必然。誰也沒必要眼紅，領袖如果覺得他們的收入超過了自己的薪資，以致感到不舒服，企業走的恐怕就不是上坡路，有人莫名其妙地在驅趕人才，有人卻在不遺餘力吸納人才，同樣都是領袖，差距怎麼就這麼大呢？好的領袖能負起全部的責任，記住每個員工的名字，開發他們的潛

能；而沒有管理經驗的領袖不懂得人才就是財富的道理，他們隨心所欲，使主動流變為被動。好在時間可以證明一切，十幾年過後，有些地方可能就荒草萋萋了，有些地方卻是滿地黃金，在兩個領袖的回憶錄中，我們能夠發現，人才的價值有多麼大，人生的反差有多麼強烈。

謹慎和禮貌是領袖的基本素養，在朋友熟人之間，酒酣耳熱之時，儘管你沒有驚詫和惶悚，可以輕鬆地調侃和開玩笑。但是，千萬別隨口吐露出什麼祕密，一定要保持足夠的控制力，你得考慮自己的身分。撫今追昔時，善於謀略的領袖都知道，人生的關鍵處只在分寸之間。

第八章
見面：握手之後說聲緣分哪

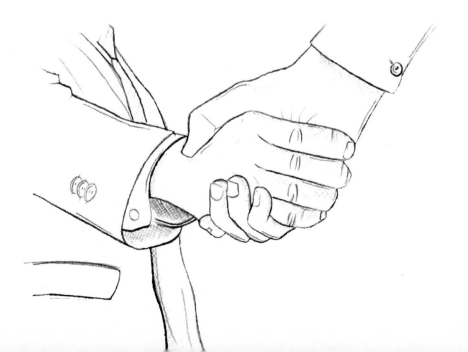

從握手開始

在交際場合初次見面，就像媳婦第一次見婆婆，若禮節不到，留下印象不好，就進不了婆家門。因此，衣著大方，微笑著主動打招呼，真誠謙虛地介紹自己，寒暄問候等都是不可缺少的禮數。首先，要有恰當的衣著。俗話說，「佛要金裝，人要衣裝」。美觀得體的衣著，會給人悅目的感受，讓人產生與你繼續交往的願望。得體的衣著要注意六點：

➤ 鞋擦過了嗎？

➤ 褲管有沒有線黏在上頭？

➤ 襯衫的扣子扣好了嗎？

➤ 鬍鬚剃了沒？

➤ 梳好頭了嗎？

➤ 衣服的皺紋是否注意到？

➤ 簡言之，就是整潔、乾淨、大方。

然後，就是見面要主動握手，握手一定要用右手，而握手之間的力量，要因人而異。初次見面，彼此不大熟悉的人握手，不宜用力，如雙方是熟人、知己，又是偶爾相見，可適當用力或延長相握時間。不管熟識與否，不宜用力過大；握手要注意場合和分寸；應讓女方伸手後再握手；和外賓握手，應該考慮對方的風俗習慣，要熱情、友好、大方、不卑

不亢；不要戴著手套和他人握手。

　接著要打招呼，不要等對方先開口打招呼，要面帶微笑，嚴肅的臉給人不好接近的感覺，太過熱情又顯得你輕浮，只要微笑就可以了。招呼打過之後，要真誠謙虛地介紹自己，清楚說出自己名字和工作單位、職位，禮貌地遞上自己的名片。介紹時不要太過張揚，注意眼睛直視對方，既是尊重對方的表現，也可以從對方眼神中得知他對你的態度、感情。

　互相介紹過之後，就要開始交談，交談中要注意三點：

1. 與對方保持理想的距離。最合適的距離就是一方伸出手可以搆到另一方，即 50 公分左右。談話距離較近，能製造一種融合氣氛消除緊張情緒，所以，談話中可根據需求和標準適當調整你與談話對象的距離；

2. 正式交談開始前，應有幾句話的寒暄或問候語，寒暄的內容無特定的限制，但要注意特定的環境和特定對象。比如臺灣人見面喜歡問：「吃過沒？」而對外國人就要跟他討論天氣怎麼樣之類的話題，以進入正式交談。另外，寒暄中可適當恭維對方一番，使對方感到愉悅，交談會更順利；

3. 正式交談時不要生硬切入談話的主題，以輕鬆聊天的方式進入主題誰都樂意接受，當然，正式談判簽約的場合就不需要這樣了。

見面結束，臨別之際，當面記下對方的姓名、電話號碼，或把名片正式放進你的公事包、手提袋，以示對對方的尊重。說再見時，不要忘記寒暄一番，比如「有空兒來坐啊」「有機會一起喝茶」等等。

人在江湖，身不由己。可能每天你都要去接待「初次見面」的人物，不管你對他的第一印象如何，喜歡他抑或討厭他，都必須以禮相待，表現你的最佳形象，因為一次美好的邂逅說不定就可以改變你的一生。很多名人從默默無聞到聲名大噪，除了他為成功做了充分準備，還歸功於一次美好的邂逅，使其踏上通往成功的路途，就可以為此佐證。

住旅館時重禮數

旅館是公共場所，住旅館得遵守旅館的規章制度，若任性地我行我素，免不了要為自己找麻煩。破壞了旅館規矩影響他人休息，老闆自然要找你算帳。另外，旅館是人聚集的地方，人多的地方，免不了矛盾和摩擦，處理不好這裡的人際關係，自然住得不好。所以，住旅館要知禮數，要規範自己的言行。具體有以下幾方面：

➤ 自覺遵守規章制度，免得與旅館老闆「交鋒」，與人方便，與己方便。旅館為南北往的旅客敞開門戶，為了保

證休息住宿的舒適安全，不發生財物、行李丟失等意外事故，在住宿前都要辦必要的手續，如出示證件以便登記住宿。有時旅館服務生還要進行必要的詢問，旅客應該主動協助，不能怕麻煩和表現不耐煩，對服務生的詢問應有問必答。另外，若是對房間安排不稱心，可禮貌提出要求，如實在解決不了，就應抱諒解的態度，切不可爭論不休和大吵大鬧。

➤ 旅館的客房是乾淨舒適的，服務生每天都會來清掃房間，作為旅客，應對服務生的工作予以配合和尊重。當服務生走進房間時，要與之打招呼，如果因為有客人在或其他原因，你覺得不方便打掃，要有禮貌地說：「請稍過一會兒打掃好嗎？」當服務生打掃房間時，在可能的情況下，應予以協助。當打掃完畢後，應對服務生表示感謝，這樣和服務生建立融洽的關係，你很可能得到服務生更友善、更禮貌的服務，你所遇到的問題，服務生也會盡力予以幫助，或向老闆反映進行解決。總之，對服務生的尊重將使你得到意想不到的回報。

➤ 「投之以李，報之以桃」，你幫助別人，同樣會得到別人的體諒和幫助，和諧溫馨的休息環境是大家共同創造的。這是一個消費的時代，一切服務都要講品味；這是一個合作的時代，交往藝術的高低決定了成功的可能程

度；這是一個個性的時代，任何人都渴望得到尊重。

➤ 學會應酬，這不僅給你的旅行生活帶來樂趣，還能開闊眼界，若能結交一兩位重要人物，很可能從此改變你的命運。合宜的應酬態度要真誠，語氣要親切，比如說話開始可以詢問旅途是否順利，身體是否能夠適應等等，拉近彼此的距離。談話的話題選擇一般性、共同性的，比如可以談天氣，談旅途中的趣聞，不要打探私人問題，熟了之後，可以就雙方的職業展開話題，如果恰好有相同的業務，那就巧妙地把旅館作為你們洽談業務的場所，一舉兩得。

旅館不僅僅是個供睡覺休息的場所，儘管你有權力要求旅館的品質，但一旦加以選擇，就要為自己的選擇負責，過於在已經擇定的旅館挑剔、責難甚至辱罵，都是不道德的行為。殊不知，其中有很多微妙的人際關係要處理，和熱情大方的服務生相處需要你的體諒、尊重和善意；和萍水相逢的人相處需要你的言談謹慎真誠，行為大方；必要時和旅館老闆溝通，要不卑不亢，禮貌得體。總之，善待一切人和物，方能得到想要的回報。

對待不受歡迎的客人

「不受歡迎的客人」大致有四種類型：

1. 未經約定就突然來訪的「不速之客」，打亂了你生活和工作的安排；

2. 做客時間過長，談話海闊天空，拖拖拉拉，浪費大量的寶貴時間；

3. 反客為主，隨便亂翻主人家的東西，弄得主人十分尷尬；

4. 經常上門提難以滿足的要求，比如請你幫忙購買限量商品或利用你的職務關係幫他買通人情等，雖經婉言謝絕，仍纏住不放，不受歡迎的客人著實令人煩惱。

首先，壓制自己的不耐煩和憤怒，避免失禮。失禮表現有如下幾種：

1. 「我行我素」，客人進門，不予以招待，只顧自己；

2. 與客人交談時，漫不經心，答非所問，或者東張西望，沒有交談的誠意；

3. 不把客人介紹給家庭其他成員，家庭其他成員對客人視若不見、愛理不理；

4. 當場打開客人拎上的禮品，並給予評價，意圖打發客人早早離開。

得體禮儀告訴我們，要熱心接待、耐心聽取。既然是你的客人，說明你們之間過去有過某種程度的聯繫和友情，之所以成為「不受歡迎的客人」，是占用你寶貴的時間，對你不夠尊重等。單從客人角度考慮，就是另一回事了，他遠道而來，他過去幫助過你，他確實有困難等等，所以遇到這樣的人，一定要將心比心，多為對方想想，這樣你就可能會熱情相待，不至於態度冷淡，漫不經心了。

如有說明的情況，請求客人原諒你的「失禮」，可以告訴他你很忙，還有急事需要處理，說完可以拿一些雜誌供他翻閱，「看看這些東西，說不定有你感興趣的，等一下在這裡一起吃飯吧！」這樣做，客人不管怎樣，都會諒解你，而且還會對你的禮貌表示感激。對於客人求你而你卻辦不到的事情，要明確的拒絕。拒絕的語氣要委婉不生硬，拒絕的理由要充分確切，以求得客人的諒解。

應該借助幽默，表明你的意思，爭取主動。如果客人亂翻你的書桌、書櫃，你可以這樣說：「你要看什麼書，我來給你拿吧，我這書櫃不友好，除了我，一般人難以找到需要的東西。」避免「不速之客」再度光臨，可以委婉告訴他有關自己行蹤的大致規律，比如「我星期天都在家，平時下班比較晚，你來的話，可能碰不到我。」言下之意，就是讓對方平時不要來。還可以說：「我家的電話號碼你知道嗎？來之前如

果能打通電話，就免得你撲空了。」這就示意對方，以後不要冒失來我家做客了。

生活工作安排的作息規律被打擾了著實令人惱火，但凡事都有和諧的解決辦法，壞事處理好了反倒成了好事。對於不受歡迎的客人的到來，任何迂迴的、委婉的辦法都可拿來應付，不能下「逐客令」，因為趕跑了一個客人很可能就趕跑了一群客人，也許是一群對你很重要的客人。莫要因為一棵樹木傷及整片森林，對於一個不受歡迎的客人，盡可能用各種辦法打發他，讓他滿意而歸。

報出你的姓名來

地球村人際廣闊，我們每天都要面對形形色色的人物，第一次見面，有的給你留下深刻的印象，並且你覺得有跟他交往的價值，於是記住了他的名字，而有的人僅僅是由於工作關係，大家互相有個印象也就足矣，你自然記不住他的名字，別人對你也是一樣。那麼，第二次見面，雙方覺得似曾相識，就是叫不出名字，很尷尬難堪。這時就需要自報姓名，把自己的名字，工作單位、職位清楚地告訴對方，甚至自我解嘲地說：「你可能已經不記得我了」，讓對方感到輕鬆，從而你們順利愉快的交談。

　　有人自以為是，覺得像我這麼重要的人物，你怎麼會記不起，不知道？我沒必要再向你重複一遍。這樣對方乾著急，想不起，「很抱歉，您是誰？」這個問題也只能在心中使勁地想，不能提出來。想來想去，想不出來也就那麼生硬地交談下去，談話也不會有實質內容，只能流於形式，因為我不知道你是誰，我的真實想法自然不會和你談，如果真為此而誤了生意上的大事，那就實在得不償失了。所以，一定要記住：沒有人有義務記住你的名字。不管第幾次見面，自報姓名，與人方便，與己方便。

　　如果想讓對方記住你的名字，記著每次見面時都說：「我就是那天與你見過面的某某，您大概還記得吧？」，幾次寒暄之後，對方出於禮貌也要刻意下點功夫記住你了。另外，自報姓名也是門藝術。對方見面打過招呼，你要觀察對方的表情舉止，他若表現出興奮、熱情，記得起你是誰的樣子，就主動自報一下你的暱稱抑或綽號，拉近彼此的距離，不要硬綁綁丟出一句，我是××報社記者部主任×××或××公司公關部主任×××等，好像你要故意在他面前賣弄自己，弄巧成拙，要知道，交往中察言觀色很重要。

　　最後，根據「自報姓名」延伸一點，就是在要求別人回電話給你時，無論是留言機或是別人代接的電話，最好都要養成在末了說出自己的聯絡號碼的習慣。此外，說慣了的電話

號碼容易說快，數字又通常不易聽懂，所以，最好能緩慢明亮地發音，就像自報姓名時，最好一字一字說出你的名字，「我的電話號碼是……」說到這裡，對方必定希望你給他充裕的時間記下號碼，這時，你就慢慢說清楚，給對方足夠的時間。而且，末了最好再說上一遍自己的名字，以免確定無疑。站在對方立場上想，自報姓名，利人利己，傷不了情面。

現今快節奏、高效率的生活使人們的交際範圍越來越廣闊，在流通場所工作的人一天甚至都要接觸到幾百個人，即使是天才的記憶力，也不能把每個人的名字都爛熟於心。所以，遇到有人忘了你的名字、身分特點是應該的，記住了那就是情分。而在交際過程中，見面自報姓名是明白人做的事，切勿夜郎自大，因為有自知之明不僅不會讓你丟面子，反而可能交到朋友，甚至能辦成沒意識到的大事。

男女同行的時候

有一條交際的自然法則值得注意，每個人的溝通交往對象都是一半同性一半異性。這就是說不論願意周旋於同性之間還是擅長和異性打交道，都得面對兩種性別的交往對象。有些場合必須會面，尤其需要同行時邊行走邊談，這就需要注意禮節。

首先，男女同行要保持良好的距離，既不能離得太遠，顯得生疏；同時也不能太近，顯得曖昧，而且，女方若對男方沒有好感，就會對這種「親密」表示極大的反感。一般情況中交談雙方的理想距離是 50 公分，即一方伸出手能構到另一方。但男女同行，情況有別，要根據具體場合而定。如果在安靜清雅的花園等地方，雙方距離稍稍遠一點為好，保證雙方談話內容都能聽清楚即可；若是較嘈雜或車來人往的環境中，雙方離得稍遠些，遇到危險或不愉快的事情發生，男方可以保護女方，讓女方獲得安全感和信任感為好。

其次，要表現出恰當的表情。恰當就是要落落大方，不卑不亢，不要因緊張而表現拘束、過分嚴肅，更不要因傾慕對方氣質、舉止而表現諂媚、恭維。禮貌的微笑最好。男女同行，免不了交談溝通，即使不談公事，也要聊上幾句，緩和一下尷尬的氣氛。

溝通的原則和技巧有以下幾條：

➤ 採取肯定的、親切的態度，不要輕易向異性說「不」，因為這樣容易傷害對方的自尊心，學會用委婉的語言表達拒絕；

➤ 要顯得自信，不要一接觸異性就顯得緊張，不能坦然相處。消除緊張的心理，需要良好的心態，即把對方看作人，不是什麼怪物，異性也是人，和你一樣平等的人。

➤ 互相尊重，察言觀色，了解對方的心理。

　　話輕話重，斟酌出口。同樣一句話，有人接受不了，有人就能欣然接受，否則心直口快，很容易造成誤會和敏感問題，比如「你有沒有對象？」、「婚姻生活幸不幸福？」、「愛人對你夠不夠體貼？」盡量找一些無關痛癢的話題，比如「工作進展」、「當年同窗」、「昔日校園」等話題，共同探討和回憶，既不顯得曖昧，還可拉近彼此之間的心理距離。

　　最後，男女同行時，男方需知禮數，比如讓女方在馬路內側走，避免危險，表現紳士風度等，女方要明事理，自己能完成的事情不要依賴求助男方，不要表現出過分的體貼、善解人意等等。

　　誰敢說我一生不用和異性打交道？既然是必須要面對的事情就要以積極的心態去面對。和異性相處是門很複雜的學問，要講情，要講理，要講分寸，要拿捏分寸。要真正遊刃有餘運用好相處的技巧和原則，需要從實踐中慢慢摸索。掌握異性的共同性，掌握其特殊性，明是非，知禮儀，必定成為和異性相處的高手。

使用芳香的注意要點

在交際場合上，適當使用高品味的香水，會讓人感到舒適以及被尊重。但是，使用芳香大致有五戒：

➤ 最好不要與菸共同存在，混合了菸味後的怪香，會把周圍的人全部趕跑。更何況，香水和香菸混合的氣味中有大量經過化合的有毒物質，極大地傷害人體；

➤ 切忌太濃、太多，否則，經過對方身邊時，帶來的濃烈香風會讓人噁心；

➤ 擦香水的男人光著腳穿涼鞋，和穿西裝的人穿球鞋一樣；

➤ 切忌用太多的髮油或香噴噴的髮膠、慕斯，否則，身上的香水味和頭上的髮油味混在一起，俗氣難擋；

➤ 滿面灰塵的男人還是保持「原味」好，香氣撲鼻而滿身塵土的人出現在別人面前，恐怕會令人懷疑自己的眼睛和鼻子。

以上五種情況都讓人感到你的失禮，儘管你要給對方好感，卻是有點過頭了。

如果已經合適地使用芳香了，就得考慮頭髮和臉的問題，從而真正達到整體美的效果。在個人形象中，頭髮處於居高臨下的視點地位，千萬別在不經意間蓬頭垢面。男性由於荷爾蒙的分泌旺盛，毛囊油脂分泌多，頭髮特別容易油、

容易髒。若不勤洗，使灰塵汙垢堵塞毛孔，就會造成毛囊發炎脫髮。不要不把頭髮當回事，單單頭皮屑就會大煞風景的，這樣就要勤洗頭。若條件允許，要堅持每天洗頭，只要洗髮用品品質可靠，並與髮質相符，洗髮絕對有益無害。每天擁有一頭蓬鬆亮澤的頭髮，就會開始你神采飛揚的一天，接觸仰慕自己的目光。

　　現在的女性越來越講究，不會再容忍不拘小節，對糟鼻頭、青春痘、滿臉雀斑的男孩更是無法接受。這樣，男士看起來無足輕重的問題會潛移默化地使佳人遠去，損失慘重。在傳統的觀念中，男人一提到皮膚保養，就會聯想到奶油小生，殊不知，這是對皮膚保養的一種誤解。皮膚分為乾性、中性、混合性以及油性，要使不同膚質處於健康狀態，需要日常呵護。男性尤其要選擇合適的護膚品，使皮膚滋潤毛孔不阻塞，不讓自己的臉做粉刺的「溫床」。而當今，市場上有很多為男士專製的護膚品，比如說洗面皂、洗面乳、爽膚水、潤膚乳等，它們都具有護膚和香料的作用，可是功效要逐一區別。

　　大多數男性用洗澡的香皂洗臉，殊不知，這樣將會損害臉部皮膚。專用的洗面皂含有保溼和溫和清潔成分，加入了多種維生素和礦物質，洗面乳中含有溫和清潔成分和保溼因子，購買前可仔細閱讀說明或請人推薦，爽膚水可以幫助你

平衡皮膚酸鹼值，防止皮屑的產生、去除皮膚表面多餘的油脂，鎮靜消炎，緩解刮鬍後產生的紅腫現象。油份太重的潤膚乳不易選擇，因為這會加重出油、長粉刺的可能性，喜愛戶外活動的男性要使用含有防晒成分的潤膚乳，過度的日晒是造成皮膚老化、黑斑和皮膚癌的最大殺手。

流動的公共場所禮儀

公車是大眾的交通工具，屬公共財產，那麼搭乘公車就屬於在公共場所活動。在公共場所要遵守公共道德。不吵鬧、不喧嘩、不打架、不抽菸、不亂吐痰、不往窗外扔果皮紙屑等，不妨礙他人的正常生活工作。另外，還要盡力幫助他人，比如讓座給老弱婦孺；同伴問路給予熱心解答及指引。積點公德，怡情養性，還可以在大眾心目中留下良好的口碑。

公車行進時難免晃動，如果路況糟糕，「急剎車，大拐彎」必得讓乘客「前仰後合」，這時就可能你踩了我價值幾百塊錢的皮鞋，我扯壞了他從外國帶回來的珍貴皮包……索賠？吵鬧？甚至大打出手？沒有必要。大家能坐在同一輛公車上，是緣分，有緣修得同船渡。用感恩的心情打消忌恨抱怨，自會皆大歡喜。為了一雙皮鞋和一只皮包樹敵不值得。

若要舒服自在，乾脆去搭計程車，既然準備來「擠」，就要有被擠的準備。所以，不管由於經濟原因或個人喜好坐公車，都要體諒理解。

另外，搭乘長途公車是建立人際關係的絕佳機會。長途公車最長幾小時，這麼長的時間裡，若無公事可談，只看窗外風景，十有八九會「暈車」。「暈車」是「動暈症」，心煩意亂，頭暈噁心，心神疲憊等。最好解決的方法就是和旁邊人說話，轉移注意力。這個好方法還可讓你交到朋友，說不定還可認識一位重大人物。然而，向偶然坐在自己身旁的人開口攀談，需要相當大的勇氣。而且愈是不擅長與陌生人交談的人，愈會絞盡腦汁思索著完美的辭令，拖拖拉拉不敢開口，時間白白流走，心情更加煩亂。

一般而言，碰面 30 分鐘內開口說話最為理想，否則只能以沉默告終。談論天氣或窗外景物或廣告招牌等都是好的切入方式，不要去想「他會不會討厭我」、「他大概不想說話吧」這類，坐車人心理大致相同，輕鬆進入談話誰都樂於接受。此外，如果開口便說討好的話，對方反而會感到緊張。總之，你最初開口寒暄的目的，是為了向對方表示你沒有敵意，大家萍水相逢，認識總是沒有壞處的。這等於建立一層人際關係，你若覺得有必要繼續交往，可以留下姓名、聯繫方式，也許他會使你的人生因此而改變。如若感覺沒有再交

往的必要，車上認識，車下各走各的，不會有什麼損失。

公共場合往往是建立人際關係的最佳場合，公車上的一次偶然相遇可能改變你的一生，隨地吐痰、隨口傷人可能讓你迅速成為眾矢之的，大眾的傳播速度與力量絕不遜於瘟疫；而善良體貼、樂善好施則有可能讓你一舉成名，如果你再抓住機會結識一兩個有名人物，那你離那個人人羨慕的成功，很可能只是一步之遙。

保持交流的坐立姿勢

「站有站相，坐有坐相」是禮儀修養的最基本要求，站姿要正直，即直立、肩平、挺胸、收腹、平視，整個形象顯得莊重、平穩。站立時間較長時，可以一腿支撐，另一腿稍稍彎曲。站立時，切忌無精打采地東倒西歪，聳肩勾背，或者懶洋洋地依靠在牆上或者椅子上，在正式場合，不宜將手插在褲袋裡或交叉在胸前，更不要下意識地做小動作，如擺弄打火機、香菸盒，玩弄衣帶頭髮等。這樣不僅顯得拘謹，給人缺乏自信和經驗的感覺，而且有失儀表的莊重。

坐姿要端正，上身應正直而稍向前傾，頭正，兩臂貼身自然下垂，兩手隨意放在自己腿上，兩腿間距和肩寬大致相等，兩腿自然著地，女性穿裙子時，側坐姿勢可能比正坐更

優美，但在答禮時，必須正坐。除了站相和坐相要表現得優美得體，還要注意走姿輕鬆優美，三者和諧融為一體，具有特殊意義的動作，可令你的禮儀迅速「增輝」。

- ➤ **點頭**：這是與別人打招呼的禮貌舉止，多用於迎送場合，表示見面的喜悅和離別的惆悵；
- ➤ **舉手**：通常用於和對方遠距離相遇或倉促擦身而過的時候，表示自己認出了對方，但因條件限制而無法停止施禮或與對方交談。
- ➤ **欠身**：欠身或者彎腰，都是向別人表示自謙的禮貌舉止，也就是向對方致敬。
- ➤ **擁抱**：表示親密感情的舉止，僅用於外交及送行迎來的特殊場合，特別雙方的誤會化解消除時，也常以擁抱來表達難以用語言說明白的複雜感情，實踐中可根據情況使用，以愉悅對方為標準。

見面不僅僅見「面相」，它更包括見「言談舉止」，動作儀態是一個人修養的最直接表現。俗話說「站如松，坐如鐘，行如風」，雖是苛刻了些，但也反映了一種良好禮貌的教養。我們講「站有站相，坐有坐相」道理相同。見面時應該根據自己的身分表現相應的教養範圍，任性主觀必然壞了大事。

有關見面的禁忌

在交際活動中，有關見面的禁忌有：

- 「冒冒失失」，舉止失措，行為莽撞。見面時不顧對方身分，就來一個熱情大擁抱；講話時提不適的要求，開過分的玩笑，打探對方隱私；找東西，遞名片慌慌忙忙，不是碰到對方就是掉了東西；言談洪亮高昂，不顧在場其他人的視聽等等，這都是「冒失鬼」的表演，暴露出冒失鬼的粗魯、莽撞，缺乏成熟健康的修養。見面後，雙方都不會有好印象，「從容一點，大方一點」是避免這忌諱的「藥方」。

- 「邋遢」得讓人忍無可忍。見面時頭髮一定要整齊，鬍鬚刮淨，內衣外表整潔，尤其是領袖口要潔淨。避免當對方的面擤鼻涕、掏鼻孔和撮泥垢；也不要揩眼屎，打哈欠，修指甲，和挖耳朵等。防止體內發出各種聲響，比如咳嗽、噴嚏、哈欠、打嗝、響腹、放屁等等，當你身體不適要發出些聲響時，使勁忍住，實在憋不住，必須向對方說對不起以示歉意，打噴嚏時要用手帕掩住口鼻以減輕聲響，並避開沖著對方的方向。

- 「大男子主義」和「優柔寡斷」，男士應表現紳士風度，切忌感到自己處於中心，尤其和女士會面時，形成「我

是主角」的心理。男士應該主動開玩笑，以融洽氣氛，不要說出那些不文雅的笑話，讓女士覺得難堪。與女士交談時，若對方已有配偶，就不要探問其婚姻理想和感情生活，尤其不要向女士探究其丈夫的形象、工作等。如果對方主動將話題引到其丈夫，男士要掌握好分寸，若對方的丈夫讓其引以為榮，不妨借機也讚美幾句；若對方對丈夫不滿而向你訴苦，男士的安慰要適可而止，否則很容易成為「第三者」。男士和男士見面，避免「唯我獨尊」的心理；男士和女士見面，要避免「男尊女卑」的心理，「紳士風度」在任何場合都大受歡迎。

➤ 女士一般情感豐厚，尤其能「眉目傳情」，在和對方交談時，切忌牽動眉眼，給人做作和不穩重感。眼瞼要保持自然的開度，不要頻繁地眨眼。切記說話時嘴有意無意的張大和縮小，笑的時候最好不露牙齦，尤其避免露出下牙齦，並避免牽動鼻子。和男士見面時，不要誇誇其談，裝出能說會道的樣子，要考慮男士的處境，找到共同話題，避免囉囉嗦嗦講自己或女伴的事情，時不時發出讓男士莫名其妙的笑聲。見面後，若被男士邀請，避免冒失莽撞，應約和拒絕都要大方坦誠，避免讓對方難堪。

➤ 在公共場合不注意周圍效應，見面的雙方成為大眾矚目的焦點，動作過於誇張。殊不知，表情不宜太過豐富，

聲音切勿尖亮，男士溫文爾雅，女士嫻靜典雅，不要擾亂大眾生活。

「國有國法，家有家規」，任何事物都有自己的規則。壞了規則，犯了禁忌，必然要遭到懲罰。「見面」作為一種社交活動也是這樣，只有知曉見面時該做的和不該做的，才能在「見面中」表現遊刃有餘，一切盡在掌握之中，也只有這樣，才能達到你如期的見面效果。

從送禮、求職、敲門說開去

禮尚往來應該蘊含真情實感，送禮送什麼？這是一個頗費腦筋的問題。在不同的節日，要選擇不同的禮品，比如說在聖誕節時，天真爛漫的孩子們為收到各種新奇玩具而興高采烈，以為這是聖誕老人送給他們的禮物。大人們之間常送書籍、文具、巧克力糖或盆景等，禮物多用花紙包好，再繫上絲帶。探病時大多是贈鮮花，芬芳的花朵帶來了春天的氣息，使病人獲得精神上的安慰。如果自己實在脫不開身，請花店直接送去，並附上名片祝福。

在日常的禮尚往來中，有一種「隆過而不殺不及」的現象，「隆」即高規格、富豪型，「殺」是儉省、從簡之意。很多人認為禮送得越多越大，越能說明關係不一般，越能交到

好朋友，殊不知，禮儀過度會變成一種令人難以忍受的負擔。因此，有人把請柬叫做「罰款通知單」，把回禮叫做「還債」，其中的苦澀可見一斑。「千里送鵝毛，禮輕情意重」，禮品只是一種形式載體，真正的含金量在於是否蘊含真情實感。如果情真意切，即使僅僅送了一根跳繩，也會讓對方感到健康的重要。

有一點值得注意，禮物包裝講究，即使裡面不一定貴重，但外表一定要富麗堂皇。打開裡三層外三層的精美包裝，露出來的只是幾顆巧克力糖，也會讓對方快樂不已。而且，不同國家的對禮品數量的要求不同，西方國家喜歡單數，而東方國家講究成雙成對。此外，美國人收到禮物要馬上打開，當面欣賞或品嘗禮物，並立即向送禮者道謝。而東方人則要等對方走後在仔細品味，當面打開對方的禮物，被視為沒見識的無知行徑。因此，要掌握不同國家民族對禮品的接受方式和欣賞程度，更好地實現自己的目標。

如果在節日期間求職，應該祝願各位長官節日快樂，而且穿著要大方得體，儀容舉止方面的細節不容忽視。身體要略向前傾，不要靠椅背；女士坐時要注意併攏雙腿；說話時手勢不宜過多，以免讓人感到輕狂不羈；嚼口香糖或抽菸都應該杜絕；喝水不宜出聲；打噴嚏應該說聲對不起……如果要敲門進入，就應該適時地展示自己的學識、修養和風度。

敲門聲的節奏不宜太快，更不要連續、重力地敲個沒完，輕輕敲過三下後要耐心等待。如果遇到敲錯門的事情，應馬上禮貌地向對方道歉，說聲「對不起」，切忌一聲不吭，毫無表示地扭頭就走。

節日是交流的好機會，因為人們在快樂的時候，往往變得寬容。如果在節日期間，讓對方感到非常的掃興，也會加倍地得到懲罰。了解了人性的這種狀態，當然應有涵養地、學識地與人交流，從而在喜慶的氣氛中完成了對未來的掌握。其實，這是最起碼的禮儀要求，因為任何人都渴望得到尊重。在節日期間過於熱情地打擾別人的生活，也是一種失禮的做法。如果在節日期間趕上面試等超常規選拔，應該把握機會，繼而得到超常規發展的路徑。

了解花語

如果人們真要讀懂世界，就會發覺，花其實也是會說話的。在講求品味的當今時代，職場人應該了解送花的禮儀，從而為生活增添芬芳。在不同的情景下，面對不同的人，在不同的日子，送花的形式與內容都大不同。具體說來，給老人長輩祝壽，宜送長壽花或萬年青，因為長壽花象徵著「健康長壽」，萬年青象徵「永保青春」。熱戀男女宜送玫瑰花、

百合花或桂花，因為這些花美麗、雅潔、芳香，是愛情的信物和象徵。當友人過生日的時候，應該送月季以及石榴，因為這兩種花象徵「火紅年華，前程似錦」。

如果有親朋好友剛剛喜結連理，在祝賀新婚時，宜用玫瑰、百合、鬱金香、香雪蘭以及非洲菊等。趕上節假日，探望親朋好友，宜送吉祥草，因為這象徵著「幸福吉祥」。如果要增添生活的情調，夫妻互贈花朵解頤，宜送合歡花，因為合歡花葉長，兩兩相對，晚上合抱在一起，象徵著「夫妻永遠恩愛」。當送別朋友遠行的時候，宜送芍藥，因為芍藥不僅花朵鮮豔，而且含有難捨難分之意。而拜訪德高望重老者，宜送蘭花，因為蘭花高潔，又有「花中君子」之美稱。

此外，逢新店開張、公司開業，宜送月季、紫薇花等，因為這類花的花期長，花朵繁茂，寓意「興旺發達，財源茂盛」。當探望病人的時候，絕對不能送整盆的花，否則易使對方誤為久病成根；也不能送香味濃的花，因為那樣易引起咳嗽；更不能送太濃豔的花，因為會刺激病人神經，激發煩躁情緒；而且，山茶花易落蕾，被認為不吉利，當然不能贈送。探望病人的時候，宜送蘭花，水仙，馬蹄蓮等，或選用病人平時喜歡的品種，有利於病人怡情養性，由景而達觀，早日康復。

懂得花的人，比花美，掌聲自然會圍繞左右。

第九章
節日：洋溢禮儀生活的快樂

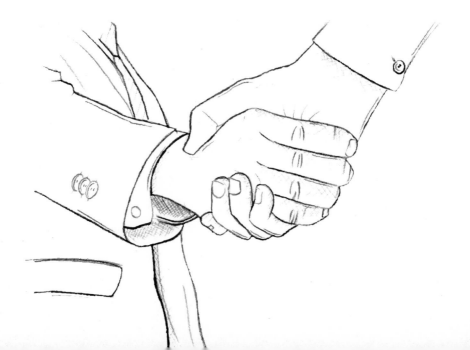

過年傳統

　　過年的時候，一定要記住，給鄰里、朋友、親戚們送上一份心意，禮不怕薄，只怕情誼不到。凡事都講個傳統，講個人情，只要所到之處皆留「情」，就不怕事辦不成。可是，留「情」也要有技巧，平常見面打打招呼，電話問候，不鹹不淡，關係不能升溫，加上平時大家都忙於工作，沒有功夫去刻意經營一份「人情」。節日來了，機會也就到了，工作之餘大家聚在一起吃飯、聊天，聊一聊，感情就出來了，若能掏出點心窩話聊，就會讓大家覺得貼心。同時，根據個人喜好，送點小禮，問候關心彼此的家人、朋友，感情就會急劇升溫。

　　春節是大節日，誰都想在這個節日討個吉利，討個喜慶，也祈福未來一年能萬事如意。就是說，大家都有一個共同心理：在節日裡，我若能得到祝福和禮情，事事順心，事事如意，那麼，這新的一年也定能一馬平川。抓住這個心理，多說好話送點禮，肯定百利而無一害。但是，說好話要審時度勢，比如對喜得貴子的夫婦，就要說「祝孩子能健康成長，長大成材」之類，而不是「祝你們夫婦事業順利，少受孩子牽絆」。對上級或領袖，除了祝願他們事業昌達，還要祝願他們家庭美滿，因為忙於事業的人通常沒時間照顧家

裡人，導致家庭不和十有八九。所以，領袖們就特別願意聽
「家庭和睦幸福」。

送禮也是一門學問。過大年要大吉大利，因而就有不少
物品沾了諧音的光而變得貴重有意義起來，比如「魚」諧音
「餘」，吉慶有餘的意思，送禮送上幾條魚，皆大歡喜；又比
如「橘子」取諧音「吉」，吉利的意思，有取諧音「聚」，團聚
的意思，所以送上幾斤橘子，就比送梨要祥和得多。另外，
各人有各人的喜好，禮不能亂送，也許在你這裡送的東西是
好禮，到別人那裡就成了喪氣，送禮之前三思而後行。

過年還特別講求禮儀，從大年初一到十五，天天都有好
節目。一年中也就這麼十五天，大家可以心安理得的吃、
喝、玩、樂，不必為工作煩惱，所以，在這個節日期間，彼
此之間不要談公事，不管你有多麼急，人總得有休閒的時
間。節日就做節日該做的事，要慶祝就慶祝，要放縱就放
縱。過大年，就全心全意過大年，別的什麼都不要想，而在
這段時間求人辦事，總會讓人不快，最後也難免事倍功半。

外國人過聖誕節，我們過春節。如果你的上司、領袖是
外國人，欲調整你的民族習俗，要合理地提出來，因為聰明
的老闆都懂得尊重的重要；若你也是個老闆，對待手下員工
就要完全依著習俗來，讓大家好好過個大年。無論怎樣，節
日裡問候禮數不可少，禮不怕薄，就怕情誼未到。

主題派對的快樂

　　主題派對是上班族宣導的新文化，在派對之中，交流是非常重要的。上班族需要走出辦公室，在與朋友的約會中實現交流。上班族一天的絕大部分時間都在辦公室打拚競爭，打起精神來面對一切，必然會感到身心的疲憊。藍領可能羨慕辦公室中的工作狀態。殊不知，上班族渴望聊天訴苦，調節平衡心理，在苦悶的時候傾訴，在甜蜜的時候分享。更何況，派對中有類似情感經歷和生活細節的人，很容易產生相同的話題和看法。在現代生活觀念的薰陶中，上班族需要家人之外的派對，實現相對的獨立和自由，而友誼大都是愜意的，絕不包含糾纏的情感瓜葛。

　　神采飛揚遊刃有餘地穿梭在歡樂的派對中，他們能在自信及灑脫中找到自己。上班族的派對沒有嚴格的人數規定。茶座、咖啡屋、速食店都可以成為理想的空間。他們一邊喝著可樂，一邊侃談辦公室趣聞，甚至困擾自己的隱私，傾聽的人如果不能幫助，至少可以給予慰藉。這和職場上判若兩人。工作中的上班族往往像貝類一樣無交流，公司那種上傳下達、表面化的溝通難以滿足他們渴望友誼的心靈，而失去關愛的人是很難快樂的。要使世界動，一定要自己先動。於是，上班族主動打電話，約朋友出來辦主題派對，打開冷漠

的心鎖，從而在交流中獲取有意的閱歷和溫暖的呵護。

上班族大都崇尚拚命三郎狀態。很多人在工作之後，竟然厭食，無所事事。假設上班族的工作在 30 年以上，那麼，多年以後，他們是很難有健壯的體魄。理性地分析這個問題，就會得到明確的答案：與其在身體檢查之後，進醫院療養，不如主動獲取健康，在職場持久戰中找到空閒時光，享受派對帶給你的滿足。值得注意的是，上班族的主題派對絕不是公關，上班族也不可能為社交而社交，這得益於現代社會人際關係的簡單化。因為八小時過後，上班族的私人時間顯得非常珍貴，他們寧願獨處，也絕不在社交上消磨時光。應該說他們是聰明的，他們懂得為自己活著。

準上班族要想成為上班族，可以以朋友的身分參加主題派對，了解他們的生存方式和工作態度。這樣，自己的夢想就會在現實的追求中得到實現。在不斷的挑戰自我的時候，就會發現，挑戰的妙處在於戰勝曾經是嚴峻挑戰的事物，讓人感到無比的快意。而且，派對會給你全新的安全感受，付出有了回報，自己和上班族之間並沒有鴻溝，只要著意領悟，就會有希望和收穫。

上班族能夠在一如既往地拚命工作之後，在節日期間，透過逛街、買彩券、派對、泡吧，使自己進入快樂狀態，繼而重溫自己的夢想，改變曾經的生活。與其沉溺於幻想中，

不如從對派對的感悟開始，時刻以上班族為生活的鏡子，享受打拚獲得理想的美麗人生。

愚人節的玩笑

4月1日，愚人節，是西方某些國家人民最開心的日子。在這一天，人們盡可能發揮自己的想像力，編造出一些駭人聽聞的謊言，去調侃人，取笑、哄騙、愚弄別人。無論做得多麼過分，多麼肆無忌憚，都不必負法律和道德上的任何責任。生活在當今這個快節奏、高效率的社會中，煩惱、煩躁時時有，透過「愚人節」愚弄別人一把，緩解緊張的氣氛，又減輕了壓力，還可以增進同事、朋友間的感情，一舉三得的事兒，何樂而不為呢？

在這個有趣的日子裡，設一個無傷大雅、不傷和氣的圈套，「尋開心」別人一回，調和緊張的生活，而被尋開心的人一笑置之，其樂融融。只是，這玩笑開得一定要善意，因為每個人心裡都有敏感之處，都有隱患，若拿他人的隱私、缺陷開玩笑，難免尷尬、不愉快。嚴重的，不僅傷害了和氣，還可能因此樹敵。所以，「愚人節」玩笑過分不得，要拿捏分寸。

怎麼拿捏分寸？首先對要「愚弄」的對象有一個全面的了解，比如他性格是開放的還是保守的，他懂不懂幽默，他明

顯的隱私痛處是什麼，綜合權衡之後，找個不痛不癢之處，愚弄他一把，增進彼此間的情趣，給感情加溫，讓關係升級。另外，在愚弄過程中，若發現對方經受不起，就立即停止，向對方說明事實真相，以免誤會，傷了感情。否則，就會讓對方感到自己受了愚弄，而你自己也就成了不禮貌的活教材。

　　一個最基本的規則是：「愚人節」玩笑的內容一定要拿捏分寸，同樣，玩笑的形式也不能太過分，比如在別人背後貼個紅紙條，上面寫著：「我是一頭沒用的豬，看見我的人都吐我口水吧！」當事人不明不白，看見的人已對他唾沫飛射，這玩笑就過火了。寫上「我是一頭豬」就可以招笑了，何必還要大家去「吐口水」呢？事情很簡單，設身處地為他人想一想，做起來就恰到好處了。這樣，也就不難理解，為什麼有時候開玩笑的雙方總會不經意地劍拔弩張。

　　節日要有節日的氛圍，特別是群體之間要有默契，因此，作為你自己來說，被不懂幽默的人愚弄了一把，不必為此難堪，因為並不是出於他的惡意，只是那形式過於拙劣了，你以「肚裡能撐船」的胸襟擔待就是了。畢竟是過節，圖個樂子。有人若是借「愚人節開玩笑」惡意傷害或報復你，你就當他是個愚人，或同樣愚弄他一把，千萬不要大動干戈，壞了節日氣氛，等過完節後嚴肅處理不遲。就像情人節

不談分手，春節不談離別，愚人節不要有口舌之爭。

　　如果在「愚人節」因為愚弄朋友、同事而傷了感情，要及時解釋清楚並真誠道歉，不要以為這是在過節，誰都可以原諒。特別是有些人還抱有這樣的態度：開什麼窮心？意思是別在沒錢的時候，玩無聊的遊戲。更何況，愚人節是什麼，它又與我何干？遇到這樣的人，千萬別硬幽默冷幽默，還是讓人家清靜的好。

關於聖誕節的知識

　　聖誕節是一個宗教節，是為慶祝耶穌的誕辰，因而又名耶誕節。這一天是 12 月 25 日，全世界的基督教會都舉行特殊的禮拜儀式。大家互贈禮物、寄聖誕賀卡、開聖誕派對等等都使聖誕節成為一個普天同慶的日子。關於聖誕節的知識有以下幾點：

　　聖誕夜指 12 月 24 日晚至 25 日晨，教會聖詩班挨門挨戶在門口或窗下唱聖誕頌歌「報佳音」，意思是再現當年天使向伯利恆郊外的牧羊人報告耶穌降生的喜訊。「報佳音」的人稱為 Christmas Waits，參與這項活動人數越來越多，歌聲越來越大，大街小巷滿城盡是歌聲。聖誕節時唱的讚美詩稱為「聖誕頌歌」，有《普世歡騰，救主下降》、《天使歌唱在高

天》、《緬想當年時方夜半》、《美哉小城，小伯利恆》等等，其中以《平安夜》最為有名。

聖誕老人原是小亞細亞每拉城的主教，名叫聖尼古拉，死後被尊為聖徒，是一位身穿紅袍、頭戴紅帽的白鬍子老頭。每年聖誕節駕著鹿拉的雪橇從北方來，由煙囪進入各家，把聖誕禮物裝在襪子裡並掛在孩子們的床頭上或火爐前。西方人過聖誕節時，父母把給孩子的聖誕禮物裝在襪子裡，聖誕夜時掛在孩子們的床頭上。第二天，孩子們醒來的第一件事就是在床頭上尋找聖誕老人送來的禮物。

據說有一位農民在一個風雪交加的聖誕夜接待了一個飢寒交迫的小孩，讓他吃了一頓豐盛的聖誕晚餐，這個孩子告別時，折了一根杉樹枝插在地上並祝福說：「年年此日，禮物滿枝，留此美麗的杉村，報答你的好意。」小孩走後，農民發現那樹枝竟變成了一棵小樹，他才明白自己接待的是上帝的使者。在西方，不論是否基督徒，過聖誕節時都要準備一棵聖誕樹，以增加節日的歡樂氣氛。聖誕樹一般是用杉柏之類的常綠樹做成，象徵生命長存，聖誕之夜，人們圍著聖誕樹唱歌跳舞，盡情歡樂。

聖誕卡是祝賀聖誕及新年的賀卡，上面印著慶祝聖誕、新年快樂之類祝願的話。聖誕派對是必不可少的節目，有家庭式、朋友式、情人式的，作為隆重慶祝節日，聖誕節火雞

大餐就是例牌主菜，商家們也會利用機會賺顧客們的錢，當然還有聖誕節食品，薑餅、糖果等。

聖誕帽是一頂紅色帽子，戴上睡覺除了睡得安穩和有點暖外，第二天你還會發現在帽子裡多了點心和愛人送的禮物。在狂歡夜它更是全場的主角，無論到那個角落，都會看到各式各樣的紅帽子。聖誕襪是要用來裝禮物的，是小朋友最喜歡的東西，晚上他們會將自己的襪子掛在床邊，等待第二天早上的收禮。要是有人聖誕節送小汽車那怎麼辦？那最好就叫他寫張支票放進襪子裡好了。

歐美國家過聖誕就如華人過年，歐美孩子聖誕襪裡的禮物就像華人孩子收到的紅包，講究多多，不能少的是禮數。地球村，大家都是一家人，但各家有各家的習俗，互相了解才不會失禮，「聖誕節的知識」用處還大著呢！

來而不往非禮也

不管同學、同事抑或朋友之間，必須經常走動、交往和聯絡，才能加深感情，鞏固彼此間關係。若只來不往，必定造成對方心理隔閡，即使對方是你的下屬，或對方曾欠你很重的人情，一次兩次他覺得欣慰，到你這裡送點禮，走動走動表達他的心意，可久而久之，他定忍受不了。下屬也是

人，甚至有可能是在有些方面比你強的人，「情」也總有還完的時候，他「來」你「不往」總會讓他覺得心理失衡，幾次之後，你就可能由他的恩人變成他的仇人。這就是「來而不往」的惡果。

「來而有往」不僅僅指互相聯絡，「禮尚往來」、「略表寸心」是社交活動中增進友誼，表達情感的做法。而在某些場合，總少不了贈送禮品。比如節假良辰、婚慶喜宴、惜別遠行、表達謝意，領受饋贈時都要送禮，一份禮就是一份情，禮受了就要還情。俗話說「禮多人不怪」或者「千里送鵝毛，禮輕人意重」，送禮人自有他的情意和願望，還禮者要考慮送禮人的意圖以及自身情況來權衡，不能一相情願認為「禮輕人意重」，還一點小禮表達自己的感情，很可能給對方造成不被重視的感覺；一股腦回贈貴重禮品，又會讓對方覺得很難堪，不知道下次該用「多少禮」向你表達心意。

該怎樣做？舉例來說，回禮時必須根據實際情況，回贈有紀念意義的禮品酬答，使之睹物思人，禮到情意到，雙方都感覺舒服、愉快，也增進雙方心靈上的溝通；逢年過節時，下屬給上級送禮，一般根據上級的個人喜好送相應的禮品，除此之外，還應「打點」上級的家人，給老人買點營養補品，給孩子帶些玩具、食品等，這樣，上級若給下級回禮，就可送些人情味重價錢不「重」的禮品，雙方來往都輕鬆、愉快。

　　「來而不往」的壞處展現在易為忽視的鄰里之間，有一個心理迷思是大家總認為鄰里抬頭不見低頭見，不用講太多禮數，鄰家今天給你送條魚，不用馬上還回一斤肉。其實，越是鄰居就越需要講究禮數，因為離你最近，鄰居也最容易觀察你的言行，他經常過來走動，你若表現得不冷不淡，他看在眼裡，心裡自然不痛快。這不像遠方的親戚朋友，他們諒解你因為時間、路遠等關係不能立刻見到你的「心意」，鄰里之間講究「來而有往」，還有其時效性和行動速度。

　　「來而有往」是禮儀也是美德，人際關係就是靠這一來一往、一投一報、一受一還而逐漸升溫的，這世界的一條真理就是：無緣無故，無求無應，不會有人和你「走動」，走動說明互相有「緣故」，有「求應」，既是「互相的」事情，單方面的努力不能成事，即一個巴掌拍不響。

　　節日裡講來而有往，禮尚往來，平時更要講。感情關係是靠聯絡起來的，主動和被動也是相互交替的。誰都想擁有一個健康、良好而又平等的人際關係網，這就要在平時和節日裡多多和你的鄰里朋友、同事「平等」地往來。

雞尾酒漫談

　　美國人喜歡在下午喝兩杯雞尾酒提神，上流社會招待客人時也願意使用這種飲料。雞尾酒從 cocktail 一詞直譯而來，關於其來源眾說紛紜，每種傳說都非常有趣。有一說，從前有位新郎會配製混合酒，因而受賓客歡迎。由於供不應求，應接不暇的他有一次在忙亂中丟失了調酒的勺子，情急時拔下帽飾上的雞毛來調製，雞尾酒因此得名；還有人說，西歐獵人打獵總是各自帶酒，用餐時把酒混在一起，發現酒味非同尋常。各種顏色的酒在陽光下閃爍，像雄雞尾般美麗，雞尾酒因此得名。

　　還有人認為雞尾酒的故鄉在美國，1795 年，美國新奧爾良有家藥店老闆製出一種在酒中摻入蛋黃的飲料，這就是雞尾酒的前身，1859 年由美國傳入英國。無論傳說怎樣，是否屬實，雞尾酒已成為美國人最喜愛的飲料。雞尾酒由兩種或兩種以上的酒摻入鮮果汁成果子露以及香料、苦味劑配製而成，調製雞尾酒有很多方法，一杯酒裡放多少檸檬汁、糖、冰塊、香料都有具體規定。因此，調好雞尾酒不僅是一種禮節，更是一門藝術。懂得品酒的人就如同欣賞藝術一樣沉醉於其中，雞尾酒自問世以來品種已發展到兩千多種，如下幾種比較常見：

➤ 2 兩白蘭地＋1 滴苦酒＋檸檬汁和糖；

➤ 2 兩威士卡＋1 兩茵香酒＋汽水；

➤ 2 兩味美思＋1 兩金酒＋2 兩香檳酒＋檸檬片和糖；

➤ 1 杯香檳酒＋半兩薄荷酒＋新鮮櫻桃；

➤ 2 兩金酒＋1 兩味美思＋1 滴苦酒＋小蔥頭……雞尾酒的酒精含量低，且清涼爽口。

雞尾酒會的氣氛很隨興，與會者可無拘無束邊飲邊談，愉快地完成交際。由於大家都站著進食，酒會布置簡單，不必有固定的桌椅，客人們可以隨意取食。盛雞尾酒的杯子，往往都使用容量較大的高腳玻璃杯。

雞尾酒會一般不在午前舉行，除非國慶日才安排在正午12 點，當然對於不同的場所，時間的規定也不一致。一般來說，大旅館、大飯店的雞尾酒會時間是下午 2：30 到 5：30；酒吧間的酒會是下午 2 點到 5 點；如果在家裡舉辦則為下午 4 點到 6 點或者 5 點到 7 點。就歐洲傳統做法來說，舉辦雞尾酒會的主人應在酒會舉行前發出請帖，收到請帖的人應立即回覆自己能否出席。如今的禮儀已經化繁為簡了，客人們可以在雞尾酒會期間自由出入，遲到早退都不為失禮。

在酒會期間，不要談及他人的私事，因為個人利益神聖不可侵犯。這種準則融入社會生活的各方面，涉及個人私事，如詢問年齡、婚姻狀況、收人多少、宗教信仰、競選中

投誰的票等等都是非常冒昧和失禮的。「個人空間」在酒會中仍然不能夠打破，持酒的雙方在談話時，不可站得太近，一般保持在 50 公分以外為宜。如果要在一起談話，應該徵求對方的同意，得到允許後再攀談。看似輕閒的交際酒會，實則是社交的大好時機，很多成功的買賣都是在酒會上達成意向的。

有關節日方面的禁忌

　　春節、元宵節、中秋節、重陽節等，以及外國的聖誕節、愚人節、情人節等，都是相應的節慶活動。有關節目方面的禁忌，總體說來就是不要違背節俗的規則，下面選幾個比較重要的加以說明：

> ➤ 春節要求有歡樂祥和的氣氛，著裝要整潔、鮮豔、漂亮；談吐要求熱情、歡樂，見面相互問候「新年快樂」，還要說吉利話，不說「死喪病痛」之類的晦氣話，避免爭吵和口角的發生，不要犯了口忌；遵守時間，春節期間若要走親訪友，最好預先約定，以免唐突造成主人不便，約好的時間要嚴格遵守，以免拖延、誤時讓大家久等掃興；節日走動時，不要忘了贈送禮品，尤其是小輩看望長輩，禮不到情就顯得薄。另外，接到禮品者應回贈禮品，大家都圖個吉慶歡快，「不送禮」是節日大忌。

➤ 清明節原本是人們遊春踏青的日子，由於舊時在清明節前二日為晉文公悼念介子推而定的「寒食節」，這一天裡要禁火冷食，以示對死者的紀念，日久天長，寒食節的原義逐漸與清明節融為一體，悼念祭奠先人就成為清明節的重要節俗。根據節俗，清明節時，人們要舉行掃墓活動，到親人墓地獻上鮮花或花圈，並且植樹、除草、添土，有的還要燒幾張黃表紙表達生者對逝者的緬懷。既是對死者的哀悼日，就不要在這一天舉行婚慶等其他慶祝活動，遭到死者家屬的反感和痛心。不管是公墓還是私墓，做哀悼活動，表達緬懷情感要適可而止，放聲大哭、大肆燒紙，都是禁忌；避免小孩子在墓地吵鬧喧嘩，青年男女也不要在掃墓時談情說笑，清明節講一個莊重肅穆的氣氛。

➤ 聖誕節是西方最盛大的節日。這一天基督教會舉行特殊的禮拜儀式，其他人則要舉行相應的歡慶活動，為孩子準備聖誕禮物。開聖誕派對，送情人聖誕帽，朋友之間互送聖誕賀卡……所有的祝福與願望都融在活動裡，若對這些活動不聞不問，甚至嫌教會的聖詩班唱聖誕頌歌煩，那你既聽不到「佳音」，也會遭來唾棄的。

➤ 愚人節是愚人、聰明人都過的節日，也是緩解緊張、舒鬆身心的日子，本是西方的節日，現在東西方都過。「愚

人節」忌聰明，忌惡意，被愚弄者忌聰明，愚弄人者忌惡意。被愚弄者甘作愚人，索性不去追究騙局破綻，博得大家和自己一笑；愚弄人者開善意說笑，不把別人的隱私和痛楚當箭靶，創造快樂幽默的氣氛，聰明和惡意都會惹大禍的。

節日的禁忌有很多，過節就要講節俗和節禮，只有清楚節俗和節禮，才能按要求過節，就不會犯錯，也就不會犯節日的禁忌。

第九章　節日：洋溢禮儀生活的快樂

第十章
效應：現代人的多元運算式

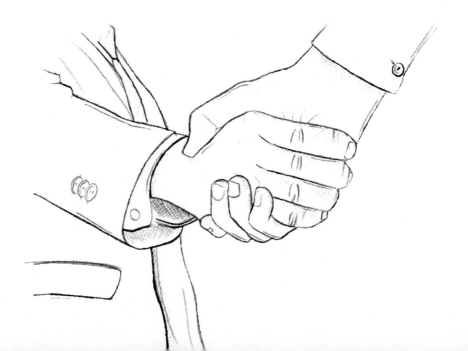

與鄰里之間和睦相處

　　與鄰居相處是有回報的投資。若能和睦相處，你住得舒心，做起事來就順心，順心是工作成功的先決條件；若相處不愉快，整天吵吵鬧鬧，出門遭白眼，一天還沒開始就遭冷遇，還哪有心情去專心致志工作？鄰里之間和睦相處至關重要，相處的原則和技巧有以下幾點：

> ➤ 不打擾鄰居的正常生活，早出晚歸進出居住，要保持安靜。由於鄰里之間的作息時間並不能完全一致，進進出出要注意，不要大聲喧嘩和說笑，以免影響他人的休息。使用音響設備，要掌握適宜的音量。如果家中開派對，跳舞唱歌務必要注意，影響左鄰右舍的正常休息必遭反感。尊重鄰居的生活習慣，你習慣早起早睡，可能鄰居更願意晚起晚睡，不能干擾鄰居。教育好自己的孩子不要任意吵鬧，愛玩耍是孩子的天性，如果不分場合、不分時間，就會打擾到周圍的人，而作為家長要給孩子正確的引導。

> ➤ 主動了解鄰里的難處，能幫上忙的就盡力去幫助完成，比如鄰居出去度假，家裡養的花、鳥都需要照顧，那麼，你要主動熱情承擔這個工作，澆花、餵鳥也不是什麼麻煩事，做起來沒什麼損失，反倒讓鄰居不勝感激。

➤ 如果有需要鄰居幫忙的，應該委婉向鄰居提出，如果鄰居幫不上忙，也要對鄰居真誠地說謝謝，不要扭頭就走或擺臉色。與鄰居相處不是一天兩天的事，要從長遠利益著眼，不要斤斤計較。

➤ 如果做事不小心傷害到鄰居，一定要及時道歉，並給予一定的賠償，不要以為鄰居說不定也會做出傷及你利益的事來，大家一抱一平，就不用道歉賠償了。一碼歸一碼，你家的孩子砸了人家的玻璃，趕緊賠玻璃說對不起就是了，等鄰里有了怨憤之心，砸了你家的玻璃，也砸碎了兩家的感情。

➤ 鄰里之間有了矛盾，首先要檢視自我，「一個巴掌拍不響」，出了問題，一味歸咎於他人，就是錯上加錯。所以，就要盡快地檢查自己，主動承認錯誤。先開口的是贏家，鄰里會因為你的坦誠、大方而倍加尊重你。

➤ 為增進鄰里間的關係，可以在適當時流露溢美之詞。鄰居不經意間做的好事，要當面予以讚賞，也可以向鄰居的熟人誇鄰居，以第三者的話來轉達你的讚美，鄰居會認為你的讚美完全發自內心，無絲毫功利的目的，因而十分感謝和敬重你。

以上是鄰里和睦相處的基本原則和技巧，另外，還有好多增進彼此關係的好方法。比如說出差回來給鄰居帶點有異

域風味的禮物，為鄰居搜集他所需要的工作資訊等等都可以讓你們的關係升溫。訣竅就在於互相體諒，坦誠相見，樂於幫助，而不斤斤計較。

身為講道德、講禮節的現代人，大家都懂得與人方便，與己方便的道理。處理好包括鄰里關係在內的各種人際關係是現代人生活舒心、工作順利和事業有成的必要條件。「雞犬相聞，若死不相往來」是不為我們這個時代所容納的，主動和鄰居和睦相處，經常往來，是你生活、學習、工作取得勝利的法寶。

圖書館閱覽要求

圖書館是公共場所，公共場所需要遵守社會公德，講究禮貌。由於圖書館是公有的，對待圖書就是對待公共財產，閱覽時要以對待公共財產的要求準則來對待圖書。輕鬆良好的圖書館環境是獲得知識、放鬆身心的先決條件，同時，在圖書館的表現也反映了一個人的道德修養和做人的基本原則。

在圖書館閱覽時要注意的禮儀有以下幾方面：

➤ **注意個人衛生和衣著整潔**：翻閱圖書前，手要洗乾淨，以免在圖書上留下髒手印，影響他人借閱。另外，進圖書館前，要除去身上的汗味等異味，以免汙染他人的閱

讀環境。衣著要整潔大方，不要奇裝異服，不要穿汗背心和拖鞋入內。

➤ **遵守秩序**：進入圖書館時要按先後次序排隊，依次進入，不可爭先恐後，後來居上。主動出示借閱證，對檢查人員要有禮貌。就座時，最好不要為自己的朋友預占位置，也不要去搶占暫時離開的讀者的座位。總之，要做一個講禮節、明事理的社會公民，不要給人留下「野蠻人」的印象。

➤ **保持環境安靜和衛生**：走動時腳步要輕，離開座位挪動椅子時要小心。不要高聲談話，讀書時不要和朋友談笑議論，借書如有不明之處，及時和管理員溝通，不要私下大聲詢問。吃東西或喝水不要發出擾人耳目的聲響，不要吸菸或吃帶有果殼的食物，也不要利用室內的座位休息和睡覺，不要往地上吐痰。

➤ **愛護圖書和其他公物**：圖書是公共財產，不能為了個人或小集體的需求而損壞大眾的圖書。目前，有些較大的圖書館都有複印和照相等業務，如果因工作關係確實需要某種資料，可以在圖書館裡進行靜電複印或照相，絕不可為了占有資料而損毀圖書。不要在圖書上塗抹亂畫做紀錄，如有需要，可以自帶筆記本和筆做紀錄。另外，對於圖書館的其他公物，比如桌椅等，要注意愛

護，在桌子上不要刻字畫畫，坐著時不要搖擺椅凳。損
壞公物要賠償。

➤ **對於開架的書刊，應一本一本取下來看，不要同時占用
幾份書刊**：書刊閱完後，應立即放回原處，以免影響他
人閱讀。

➤ **圖書要及時歸還**：「圖書的價值在於流動之中」，每個求
知者都應自覺使它發揮最大的效益。借到一本好書，抓
緊時間看，不要今天看，明天看，一直牢牢地抓在自己
的手裡。

要知道，圖書館不比家裡，要時刻提醒自己接受約束，
遵守規範。與人方便，與己方便，大家共同努力創造一個良
好的學習環境，大家共同受益。

若是想要自由，你可以把自己所需要的書都買回家，可
以穿著拖鞋、大背心，喝著咖啡，坐著看，躺著看，任你自
由，想怎麼樣，就怎麼樣。但是，如果你選擇了圖書館，那
就要放棄這份自由，自覺主動地按規章要求辦事。做個講禮
節、懂禮貌的讀書人，展現你良好的道德修養，潤滑你的人
際關係。

參觀遊覽時應注意的

　　展覽是一種有效的立體宣傳方式，有的以藝術鑒賞為目的，如書法展覽；有的以技術交流為目的，如科技發明展覽；也有的以思想教育為目的，如圖片成果展等。多年來，參觀展覽都是人們業餘時間來增長知識的活動，其中涉及的禮儀要求有以下幾方面：

➤ 觀看展覽時，應該耐心聽取導覽員的講解。在參觀過程中，如果對某一問題感興趣，想進一步了解情況，可以向導覽員禮貌地提出來。萬一導覽員的答覆不能使自己滿意，也應向導覽員表示感謝，絕不可隨便露出不滿意的神色。

➤ 遵守相關規定。展覽會一般都有規定，不能隨意地摸弄展品，有的還不准拍照，不准錄影。如有特殊需求，須徵得展出單位的同意，展覽會有時還有展區和非展區之分。而且，凡是「謝絕入內」的場所，參觀者不能擅自闖入。

➤ 展覽會有時散發一些宣傳品。領取宣傳品必須遵守秩序，不要亂哄亂搶。萬一宣傳品對你無用處，不應在場內隨意亂丟，必須帶到場外，做適當處理。

　　而遊覽觀光也有多項禮儀要求：

➤ 愛護旅遊觀光區的公共財物。大至公共建築、設施和文物古跡，小至花草樹木，都要珍惜愛護。對於亭廊水榭等建築物的結構、裝飾，不要用腳去踩，以免把腳印留在上面。在柱、牆、碑等建築物上，不能亂寫、亂畫、亂刻，也不要用棍棒去捅或用東西去投擲取樂。

➤ 保持遊覽觀光區的環境和靜謐氣氛，不要大聲喧嘩，嬉戲打鬧，不要任意把果皮紙屑、雜物弄置在地上和拋入水池中，影響觀瞻和衛生而遭到其他旅遊觀者的排斥和反感，壞了大家心情。

➤ 要關心他人，禮讓對方，比如說遇到有人與自己同時在景色好的地方拍照時，應主動謙讓，不要與人爭搶占先。當近處有人行動妨礙拍照時，應有禮貌地向其打招呼，不可大聲叫嚷，斥責和上去推拉。照完相後，應向協助的人道謝。如有人需要你協助或幫助他們留下合影，應愉快答應，並盡力做好。

➤ 應多為他人提供方便。如行經曲徑小路或小橋山洞時，要主動為老幼婦孺讓道，不可爭先搶行。當遊人較多時，不可躺在長椅上睡覺，也不要坐在椅背上而腳踩到凳面上。帶孩子到遊覽觀光區的兒童樂園去玩時，不要讓自己的孩子長時間獨占遊樂場的設施；作為大人，當然更不應該去占用兒童的遊樂設施。

➤ 青年情侶在旅遊觀光時，應注意自己舉止行為的端正大方，熱情不失持重，不可過分親暱，有失禮節，造成其他遊覽者不便。

社會發展，人們的物質生活水準提高，相應的，精神文化生活也豐富起來。參觀遊覽者的隊伍日益擴大。參觀遊覽是一個增長知識、放鬆身心的過程，做一個有修養的參觀遊覽者，不僅自己身心愉快，還能得到其他遊覽者的認可和贊同，說不定借此可以交到志同道合的朋友，為你的生活、事業添光加彩！

洗手間的標誌

在芬芳花朵的背後，我們能看到它的肥料；在成熟男人的腳上，我們能看見他的襪子；在一個幸福家庭的後窗，我們能看到他的廁所和廚房。而在一座城市，我們也完全可以透過其街道上的洗手間的乾淨程度斷定其城市品味，以及市民的素養。因此，一個人在洗手間不沖洗廁所，會令人感到無法容忍，也極大地降低了自己的品味。有些國家在大街上有明顯可見或在小建築物裡面標誌明顯的公共廁所，甚至設於加油站、機場、公車站、火車站、餐館、圖書館、大商

店、戲院內，你可以走進任何一家旅館借用「女廁」或「男廁」，即使你不是這家旅館的住客。

要注意，不要被洗手間門上的名稱弄糊塗了，有時上面寫著「男」或「女」以及「女士」或「夫人」，或乾脆叫「洗手間」。有的在門上可能畫個圖形或其他標誌，以示男女之別，餐館尤其採用這種方式。此外，女用洗手間有時還被稱為「化妝間」，至於說「方便處」或「W. C」等標誌，一般人都能明白是什麼意思。個別不道德的人在洗手間的門上塗抹著令人作嘔的字畫，甚至彼此間還會銜接著交流，使創作不至於停止。這種做法看似個人行徑，實則影響了城市市容，更不用說也是失禮的表現了。

一位外交官曾經說過，我們可以透過一個國家的孩子是否沖廁所看其民族的國際化程度，很多廁所的牆壁上都張貼著「來也匆匆，去也沖沖」，可是，很多人都匆匆地來，卻忘記沖沖地去。這種不拘小節實質上是最自私的行為，因為這將給後來人帶來煩惱，而且，舉手之勞為什麼不願意做呢？似乎很難想像，一個在交際場合彬彬有禮的人，在洗手間居然不沖廁所。而事實上，這樣的人似乎也並不鮮見，要把自己鍛鍊成一個沒有低級趣味、有道德的人，首先要從洗手間做起。

具體應該注意的是：如果是公共廁所，就應該自覺投幣，到其中方便時，不要隨地大小便，或者由於不注意而使

得滿地汙穢。不可在廁所門上隨意地亂畫，尤其是一些汙穢的文字，那是無知與醜陋的表徵。便後一定要沖洗，絕對不能便後就走人，那樣注定為人所不齒。在洗手間吸菸，也要注意菸灰不要滿地都是，也不要將沒熄滅的菸頭放在衛生紙堆裡。

小地方不可隨便，特別是生活中的很多事情都是習慣成自然，如果一不小心成了壞習慣的主人，就會在國際的規則面前出局。任何一個人都有陽光的地方，也都有黑暗的地方，關鍵看你怎樣展示自己。因此，魯迅先生有言：「自稱聖人君子的必須防，得其反則是盜賊。」西人也曾有言：「人的身心一半是天使，另一半則是野獸。要成為完整的人，就得在『盜賊』的一面多做修整，從而使自己人生的光芒四射。」

目光和讚美的力量

與人見面打過招呼後，對方首先看到的是你的眼睛。心理學家曾做過分析，當對對方整體有一個印象之後，接著盯住的就是眼睛，因為渴望交流，渴望從對方的眼睛裡看到自己，從而獲得一種認同感。見面時你的眼神表現得不友好，對方很可能就失去與你交往的興趣，如果因拘謹而目光游移，眼神不定，上看下瞅，左顧右盼，就可能給對方造成根

本不在乎的印象。所以，目光冷淡或目光游移都是不可取的，到底應該用什麼眼神面對呢？原則有以下幾點：

➤ 不要瞪大眼睛也不要瞇著眼睛，正常平視最好了；

➤ 若因身高關係需要「仰視」或「俯視」，表現要自然禮貌，並面向對方說出這種行為，比如「你真高，我需要仰視你」等，輕鬆氣氛，還可以掩飾不自然；

➤ 以讚許的態度看，態度多半都會反映在眼神裡；

➤ 看對方的眼睛，不要盯臉部的其他部位。目光之間的交流不關鼻子和嘴巴的事；

➤ 眼神、聲音、動作協調好。聲音高亢時，可做出眼睛一亮的動作，反之也可垂下眼簾表示你的憂傷，聲音低沉。

誰都希望得到賞識和讚美，而我們心理的迷思是：見面時的讚美總顯得囉嗦、虛假，不如正式的會議、表獎場合來得實在。殊不知，任何人都希望從周圍人那裡獲得對自己言行的理解、賞識和讚美，而不是從老闆、上司那裡得到。讚美別人有操作步驟和技巧，尤其是在見面時，面對面的溝通，就要巧妙地去讚美，避免遭到反感。具體如下：

➤ 迅速發現對方值得讚美之處。服飾、氣質、說話聲音、語調語速、行為舉止等，交談過程中，透過了解，你還可以發現他的性格、工作能力等值得讚美之處；

➤ 讚美要有技巧。首先要真心誠意，你真正喜歡、佩服對方的優點和長處，才去讚美。人性中有一個優點，就是「無功不受祿」，如果毫無根據地讚美一個人，他不僅感到費解，還會莫名其妙，覺得你油嘴滑舌，進而引起他對你的防範。其次就是不要赤裸裸地讚美「你美死了」、「你工作能力太強了」之類。有時委婉批評也是一種讚美，比如對一位女性，你可以說：「你這麼努力，日日夜夜，不注意休息，也難得你皮膚還這麼好，不對你提出抗議！」讚揚和勸勉並舉；

➤ 讚美要避免空泛含混。如果找不出具體的優點和長處，轉而讚美他的愛人小孩，甚至是家具擺設都可以；

➤ 掌握「無意讚美」的本領，在無意中表現出來的讚美往往被認為是不帶私人動機，因而很受歡迎；

➤ 間接讚美比直接讚美更有效。借第三者的話來讚美對方，比如說你見到某甲，你對他說：「前兩天我看到某乙，他對此推崇極了。」不管這是真是假，某甲會對你感激至深。

站在對方的角度上想一想，需不需要從對方的目光中獲得友好、信任和讚賞？願不願聽到一句別人對你發自內心的讚美？目光和讚美的力量永遠是人際溝通的至勝法寶。

接待名人禮儀

在我們生活的周圍，有很多因各種藝術技能而出名的人，由於特定文化程度與生活審美程度較高，接待名人的禮儀自然很講究。藝人通常比原計畫早到，為了受到權威人士的歡迎，如果他們遲到了，對此表示不滿是沒有意義的。由於職業的關係，他們需要換衣服、化妝、小憩並思考，向藝人詢問他們是否願意查看相關安排，包括房間、燈光、麥克風、演出場地點等，合理的要求和建議要立即提出來，以創建互相合作的友好氛圍。此外，名藝人在演出結束後會取決於對方的名望、姿態和個人願望，他們都希望從人們的眼中看到崇拜的目光。

讓名人免費介紹其賴以維生的才能和經驗不妥當，這樣的請求其實可以採用其他方式，當名人不太好意思拒絕時，這種過錯讓人無法諒解。當有人要求名人作慈善演出時，請求應該是得體和試探式的，而無論是得到怎樣溫和的拒絕都應該立即接受。著名的鋼琴家可以推託說其合約不允許他作任何未經安排的演出，名歌手可以以保護嗓子為藉口，有才華的專家可以以工作的壓力為由。當然，所有的理由都是藉口，但是，我們也沒有理由要求任何人做他不願意做的事情。

　　如果他們願意為他人做表演，也是場合適合個性所致，這出於預先要求或一時衝動，觀眾必須保持安靜聚精會神。因為人人都要尊重他人勞動，除非透過流行音樂炒熱現場氣氛，那麼就應該表情熱烈，而絕非是唱歌、跳舞，自由談論。然而，藝術家通常持懷疑和保守態度，應受到大部分人的保護。其實，在得到了足夠尊重的前提下，他們更願意回歸平凡的生活。那種平凡的尊重，包容著生命本真的價值，比如說簡單的一頓飯或一杯茶通常會讓他們覺得自在得多也快樂得多。

　　在接待名人之前，應該首先了解對方的個性和喜好，再作對策。可能的話，應該找他的經紀人或者可以提供資訊的來源，或發一封得體的信件給其祕書，「我們希望某某一切都好，並且想知道您是否願意過來和大家作一次私人會面。」得體的溝通之後，風趣的名人才能夠被人圍繞，接待也才能泰然自若。一旦在接待過程中遇到失望的事情，要鎮靜而非憤怒，名人並不是完人。他們也有不足，也要不斷地與人磨合，並在實踐中不斷改進。但是，不要因此而不尊重他們，得體的寬容非常重要。

　　名人也是人，他們也有各種缺點，他們是由於在某一方面的精通或者適應了社會時尚的需求抑或作品的驚人而成名。接待名人要不卑不亢，一方面要尊重他們的藝術成果，

另一方面也要從人性角度對他們的生活加以關懷。其實，他們在鮮花與掌聲背後也需要安靜，也不想被不斷地打擾。因此，在接待過程中要充分徵詢對方的意見，在確定無誤之後再加以安排。不要在接待過程中，利用接待之便，索要名人的簽名或禮品，如果對方有意送禮物向你的接待表示感謝，也一定要將你的感謝回饋給他。

婚禮主持拾零

從婚禮司儀主持的程序中，可以看到整個婚禮的禮儀設置，具體環節如下：

「各位女士、各位先生：今天是×××年×月×日，在這風和日麗、天地之合的喜慶日子裡，我們共同相聚在○○飯店，隆重慶祝 A 先生與 B 小姐喜結良緣。今天我十分榮幸地接受新郎新娘的重託，步入這神聖而莊重的婚禮殿堂為他們的婚禮舉行司儀慶典儀式，現在，我宣布 A 先生與 B 小姐的婚禮儀式正式開始。奏婚禮進行曲，請全體來賓掌聲響起，花童撒花引路，新郎新娘在賓相陪同下緩緩步入殿堂。少男少女簇擁噴出五顏六色的飄帶，向天空拋出紛紛的玫瑰花蕊，各位小姐、各位先生，在這燈火輝煌、熱鬧非凡的婚禮殿堂，我想是緣分把這對鍾愛一生的新人結合得甜甜

蜜蜜，是天是地把這對心心相印的夫妻融合得恩恩愛愛，美滿幸福。

這一切的一切，是他們兩顆純潔的心相撞在一起，嘉賓掌聲響起……此時此地，我想還有兩對夫妻非常激動，那就是對新郎新娘有養育之恩的父母。為了感謝父母的慈愛，以表達對父母真誠感謝和深深的祝福，新娘新郎特意用一束束最美麗的鮮花獻給養育之恩的父母。現在請新郎新娘向新娘的父母獻花；再向新郎的父母獻花，大家掌聲再次響起。接下來，請證婚人作證婚詞，請新郎、新娘的雙方代表致主婚詞，請來賓代表致賀詞，請新郎新娘致答謝詞。最激動人心的聖潔莊嚴的時刻來了，雙方要交換結婚戒指，他們純潔的心將永遠相印美滿幸福。拜謝儀式開始，新人向父母 —— 鞠躬 —— 感謝父母養育之恩；新人向來賓二鞠躬 —— 感謝來賓的光臨和帶來的祝福；新人相互致禮三鞠躬 —— 從今往後相親相愛、白頭偕老。

接下來，請新郎新娘互敬交杯美酒，讓我們祝福他們倆永遠恩恩愛愛，鸞鳳和鳴，百年好合。由新郎和新娘共切風雨同舟的蛋糕，純潔的蛋糕告訴他們倆團團圓圓，事業興旺，生活美滿。各位來賓，讓我們祈禱祝福，舉起手中的酒杯，共同祝福這對龍鳳新人新婚愉快、白頭偕老、永結同心！各位來賓，現在請新郎新娘入席，婚禮慶典儀式到此結

束，一會兒，新娘新郎將穿著更加豔麗漂亮的禮服來到大家身邊，依次向來賓們敬酒，以表達感謝之情。讓我們再次祝願他們的生活像蜜糖般甜蜜；愛情像鑽石一般永恆；事業如黃金般燦爛，讓我們共同分享這天倫之樂，度過美好的時光。」

新郎與女方家人見面後，應捧花給房中待嫁新娘，新娘女友故意攔住新郎，條件要新郎答應，通常都以紅包禮成交。新娘應叩別父母，新郎僅鞠躬行禮即可，新娘頭頂不能見陽光，應由一位福份高的女性長輩持竹匾或黑傘護其走至禮車。新娘上禮車前，由一名吉祥男孩持扇給新娘，新娘則回贈紅包答謝。當離開女方家門時，絕不可說再見，禮車啟動後，新娘將扇子擲到窗外，男孩將扇子撿起後交給女方家人，女方家人回贈紅包答謝。禮車至男方家，由拿著兩個橘子的小孩來迎接新人，新娘要輕摸橘子，然後贈紅包答謝。

有關效應方面的禁忌

縱觀「人生」這部厚重歷史，人的終極目標有兩個：生存和成功。每個人都想成功地生存，成功除了和自身努力奮鬥分不開，更取決所處的自然和社會環境。社會環境包括政治環境、經濟環境、人際環境等，這裡單就「人際環境」分析。人際環境又叫人際效應環境，是一個人處理各種人際環境所

產生的效應，好的效應會為個人發展「增光添彩」，不好的效應可能會抹煞個人全部的努力奮鬥，惡果不容輕視。

「和鄰里之間和睦相處」以及「在圖書館閱覽要講禮儀公德」等等都是為了創造好的人際效應，盡量為自己的生存發展減少「絆腳石」。可路旁的「小心路滑危險」的告示牌提示我們。要注意效應方面的幾點禁忌：

➤ 遭人誤解不要大聲辯駁，為討回自己「清白」，因為每個人看問題的立場、觀點和方法不同。對於非惡意、只是觀點和看法不同而造成的誤解不必介意，時間和行動是化解誤解的最好辦法，如果辯解、反駁，反倒增加彼此的怨憤，事情變得更為複雜。對於惡意誹謗關係到名譽人格的誤解，一定要想方設法澄清事實，如果對於這種誤解置之不理，勢必造成人際衰落，沉默就是默認，默認別人對人格的踐踏，不能說明寬宏。「動怒」在大家心中樹立你沒有修養、缺乏彈性人格的糟糕形象。

➤ 遭人冷落，不受歡迎時切忌諂媚討好，丟失自己的做人原則。坦誠大方的正人君子永遠不會遭到冷落。若不是自身原因，就從對方身上找，假如僅僅是因為比較陌生，不夠了解，可以主動與對方溝通，打破尷尬局面，化冷為熱，比如在公共場合或是社交宴請場合，如果曾無意冷落過對方，對方想報復而冷落你，那可以主動道

歉，化干戈為玉帛。在不能緩解緊張、取得諒解和溝通時，最好不卑不亢，不要曲意求附或諂媚討好，丟失自己的做人原則，更不能以牙還牙，僵持的局面總要有人主動打破的。

➤ 招致成見，遭到批評切忌出言不遜，固執自己的看法和原則。在與人交往時，他人對你產生成見司空見慣，本來無傷大雅的行為卻招致周圍人的反感和批評。原因就是「不慎」，也許是你不修邊幅的形象造成對方不悅等。這時切忌出言不遜，堅持自己的立場，可能你做得不錯，但總要考慮別人的感受。比如你說的話，做的事是否真正尊重對方；對方又是否感興趣；是否符合對方對自己的角色期望乃至社會道德規範和行為準則等等。良好的人際效應需要你個人的努力，也需要大家的認可。做得好，大家若接受，那敢情好；做得好，大家不接受，那改變一下方式好了。固執己見，出言不遜不會有任何好的效應。

有關效應方面的禁忌有很多，上面的三點只是抓住一個整體方向，具體的細節還要謹慎。無論何時何地，要想創造良好的效應，重要的原則是：設身處地為他人著想，問題出現時，退一步，海闊天空；忌怒，忌暴，忌魯莽。

得體地參加社交宴請

得體地參加社交宴請，不僅能提高領袖在宴客心中的地位，同時給宴請的主人留下好印象，若主人是你的上司，你得體的表現很可能讓你在公司中迅速得到提拔，若主人是你的朋友同事，下次宴請時，他自然還會想到你，你得體的表現讓他在客人面前覺得體面，這樣你就有更多的機會擴大交際範圍，對你的事業發展百利無弊。「得體」地參加宴請須注意以下幾個方面：

➤ 當步入宴會廳時，首先要跟主人打招呼，同時，對其他客人，不管相識與否，都要笑臉相對，點頭示意或握手寒暄。一切都要自然真切，落落大方，使赴宴者對你有「互不見外，情同一家」之感；

➤ 入席時，不要「捷足先登」，即使請束上寫明你的桌次和座號，也應聽主人的招呼和安排為好，免得雙方尷尬。就座時，應向其他客人表示禮讓；

➤ 就座後，要坐姿端正，不要兩腿搖晃或頭枕椅背伸懶腰，讓其他客人感覺你邋邋無禮。與客人交談時，不要唾沫四濺，不要用手指比劃，大聲說話，這都會給主人和其他客人「你很粗俗」的印象；

➤ 用餐前，可代主人向鄰座傳遞杯碟，體諒主人的想法，

協助主人避免難堪尷尬之事發生，取得主人的感激和讚賞；

➤ 席間要與來客互相謙讓，對老人、小孩要主動照料，以增加宴會謙和氣氛。每道菜上桌時，除向端菜人致謝外，一般應等主人或長輩動筷後再去箝食，動作宜輕，不要碰倒杯盤，甚至將湯汁濺及旁人，弄得大家手忙腳亂，破壞宴會興致；

➤ 飲酒時要懂得宴會上祝酒的禮節，比如為何人何時祝酒等，都要根據主人、客人的身分、地位及個人愛好習慣而定。祝酒時注意不要交叉碰杯，碰杯時，要目視對方致意。飲酒要留有餘地，要慢酌細飲，迎合宴會友好歡樂的氣氛，同時不失禮儀和修養。如果你不善於飲酒，當主人向你敬酒時，可以委婉拒絕，如果主人請求你喝酒，則不應一味固辭，可選淡酒或汽水喝一點作為象徵，以免掃大家的興；

➤ 避免中途退場，如確有急事需要退場，須向主人說明情況，表示歉意，然後向客人點頭示意，才可離去，給在座的所有人留下謙遜有禮又不誤公事的好形象；

➤ 退席時要向主人致謝，「以後有機會，請您一定光臨舍間」謝過之後應及時離開，以免影響主人招呼別的客人，如果退席人較多，就省去客套寒暄，只需與主人微

笑握手就可以了。無論宴會多麼乏味，退席之間，絕不要不耐煩或流露出厭倦難耐的姿態，體諒主人的難處。

有社交就得有宴會，誰都免不了做主人或做客人，其實無論主賓，要想在宴會中表現得體，受人尊敬和喜歡，都必須明知一點：宴會重在歡樂、友好、親和的氣氛。魯莽、失利、不顧及體諒別人都是破壞這種氣氛的殺手。所以，儘管你不曉得全部席間禮數，只要你明白是非，懂得其中情況，避免掃大家的興，就可以在宴會中遊刃有餘，增強你的人際關係和大眾口碑。

第十章　效應：現代人的多元運算式

與當代交際禮儀零距離（代跋）

　　人生需要經營。成熟的經營對公司和上班族都大有好處。比如說你要完成從受僱者、自僱者、創業者到投資者的歷程，要考慮行業、企業和合作的生命週期。暢銷書《窮爸爸，富爸爸》指出了財富自由之路：沒有財務自由就沒有真正的自由；衡量財務自由是靠時間而非金錢；財務自由要比財務安全更重要，而獲得財務自由的方式包括獲得薪資外的獎勵收入、讓別人為自己賺錢、要活錢而不要死錢……為此，你要關注自己的主張，進行資產盤點，設定發展的目標。

　　上班族並不一定都有錢，但是一定要與禮儀生活零距離，否則一定會為人側目。所以，你也不必疑惑，怎麼很多上班族還在租房子。除非是為了升值房價或結婚，單身的普通上班族都與同事合租房間，但也不乏富裕的上班族在城市紮根，選擇一處合適的房子，並完成家的寓言。你也不必疑惑，怎麼很多上班族根本沒有存款，甚至開始花明天的錢，但也不乏富有的上班族掌握著好的機會和條件，不僅滿足自己的花銷，還拿錢去投資。你也不必疑惑，怎麼很多上班族沒有格調，因為那需要智慧、素養、自信和金錢。只要不表現談吐的庸

代跋 ━━━━━━━━━━━━━━━━

俗，上班族就符合標準了，但也不乏富裕的上班族在穿著、氣質、愛好和室內裝潢方面都相當講求品味。

　　窮上班族和富上班族的不同源於職業生涯規畫的差異。富上班族對自己和公司都保持負責的態度。他們不斷地分析新世紀的產業趨勢，摸清未來發展的主流。這樣，在人脈、專業技能和有形無形的資產等方面熟諳於心。成功靠自己，如果在上班族的位置上不思進取，生活就會逐漸產生失敗的預兆。殊不知，上天往往在最深的讚美之下掩藏著自毀，上班族千萬不能喪失自我。那樣，在感情上、事業上都會出現失意，這是你自己拿命運的捉弄來捉弄自己，拿自己的糊塗來懲罰自己。實力相當的兩個人，為何最終跑到終點的是人家而不是你？窮上班族不能再糊塗了。

　　窮上班族想成為富上班族，其實只有一步之遙。那就是讓自己永遠清醒。為此，要不斷地向自己發問：目前，你擁有促使自己採取重大行動的決心嗎？有過度工作傾向的成功意識嗎？是不是常常感到自滿？自己是否為華而不實的成就感到陶醉？其實，沾沾自喜是成功最大的敵人，事實證明，只有低頭苦幹的人，才能取得人生的輝煌。他們擁有足夠的自信，因此敢於駕馭風險，把失敗看作是成功的一部分，利用別人的錢和時間，為

公司和自己獲取最大的利益，為此，他們甚至要為成功和自由付出孤獨的代價。

　　富上班族都是有情調的工作狂。在快節奏的現代社會，似乎只有工作狂才能適應緊張的工作和激烈的競爭，考察自己是不是工作狂，有很多種方式。比如說經常觀察自己：在路上怎樣消磨時光？是看書還是閒談。出差在外地，不能及時回家，是輾轉反側還是隨遇而安？經常引起你不快的是什麼？是工作環境吵鬧還是手頭的要緊事沒辦完？週末是想充實自己還是去逛街？這些看似微笑的事情展現著你的工作態度，生活就是由這些細節組成的，因此，窮上班族和富上班族的差距，或著說藍領和白領的差距都不是偶然的。

官網

國家圖書館出版品預行編目資料

禮節到位，溝通無界：良好形象 × 優雅談吐 × 得體行動，掌握人心的微小變化，哪還需要費力討好人家！/ 秦秋林 編著 . -- 第一版 . -- 臺北市：財經錢線文化事業有限公司 , 2023.05
面；　公分
POD 版
ISBN 978-957-680-639-1(平裝)
1.CST: 職場成功法 2.CST: 社交禮儀 3.CST: 人際關係
494.35　112005631

禮節到位，溝通無界：良好形象 × 優雅談吐 × 得體行動，掌握人心的微小變化，哪還需要費力討好人家！

臉書

編　　著：秦秋林

發 行 人：黃振庭

出 版 者：財經錢線文化事業有限公司

發 行 者：財經錢線文化事業有限公司

E-mail：sonbookservice@gmail.com

粉 絲 頁：https://www.facebook.com/sonbookss/

網　　址：https://sonbook.net/

地　　址：台北市中正區重慶南路一段六十一號八樓 815 室

Rm. 815, 8F., No.61, Sec. 1, Chongqing S. Rd., Zhongzheng Dist., Taipei City 100, Taiwan

電　　話：(02)2370-3310　　傳　　真：(02) 2388-1990

印　　刷：京峯彩色印刷有限公司（京峰數位）

律師顧問：廣華律師事務所 張珮琦律師

定　　價：375 元

發行日期：2023 年 05 月第一版

◎本書以 POD 印製